高等学校教材

嵌入式C程序设计基础

主　编　黄　超

副主编　明　帆　车亚进

编著者　黄　超　明　帆　车亚进
　　　　刘栩粼　马　颖

西北工业大学出版社

西　安

【内容简介】 本书主要针对大专院校电子专业,使用开发平台为DEV5.10版本。本书的教学内容主要是为学生单片机学习打好基础,因此书中许多举例均与电子电路、单片机基础及应用相关,每章后面都有配套练习题,方便学生学习后进行加深、巩固。书末配有参考答案。

本书可作为高职院校电子、机械、电气类工科专业学生学习C语言程序设计的教材。

图书在版编目(CIP)数据

嵌入式C程序设计基础 /黄超主编. —西安:西北工业大学出版社,2023.12

ISBN 978-7-5612-9151-1

Ⅰ. ①嵌… Ⅱ. ①黄… Ⅲ. ①C语言-程序设计-高等职业教育-教材 Ⅳ. ①TP312.8

中国国家版本馆CIP数据核字(2023)第245527号

QIANRUSHI C CHENGXU SHEJI JICHU

嵌入式C程序设计基础

黄超 主编

责任编辑:张 友 **策划编辑**:杨 军

责任校对:朱晓娟 **装帧设计**:董晓伟

出版发行:西北工业大学出版社

通信地址:西安市友谊西路127号 邮编:710072

电 话:(029)88493844,88491757

网 址:www.nwpup.com

印 刷 者:陕西向阳印务有限公司

开 本:787 mm×1 092 mm 1/16

印 张:12.875

字 数:313千字

版 次:2023年12月第1版 2023年12月第1次印刷

书 号:ISBN 978-7-5612-9151-1

定 价:59.00元

前　言

随着信息技术高速发展，嵌入式技术应用越来越广，小到一个蓝牙耳机，大到航空航天，涉及各学科领域。C语言是一门使用非常广泛的高级语言，其涵盖面较广，但系统学习需要大量时间和精力，而且部分板块对于高职院校学生而言学习难度相当大。作为一名电子专业一线教学十年的教师，以及资深开发工程师，经验告诉笔者，对于C语言学习，电子专业其实可以大大精简，作为嵌入式开发语言之一的C语言，对于电子专业来说也显得十分重要。当前，关于C语言类的教材较多，但绝大多数主要针对信息类专业，针对电子类专业的较少，而且其中的多数主要作为高等院校教材，教材知识涵盖面较广、较深，不适合高职院校层次学生使用，因此，笔者团队主要针对高职院校电子类相关专业，编写了本书。

本书第1章介绍开发平台DEV5.10安装及汉化，示范新建一个项目。由于输入/输出函数在后期单片机学习过程中用得非常少，然而，C语言学习又需要效果展示，因此这里只作简单应用讲解。第2章介绍数据基本类型，是基础，让学生对数据类型有基本认识，对进制以及不同进制间的相互转换有基本了解。第3章讲解运算符和表达式，既是基础，也是重点，分类介绍。重点介绍电子专业后期经常使用的一些运算符，如对位操作类运算符作重点介绍，对于使用频率较低的这里只作简单介绍，内容中有深有浅，案例也与电子电路应用相关。对于部分运算符，还配备了实现的电路图，可以通过扫码查看。第4章主要介绍程序开发的顺序、选择和循环三大结构，既是难点也是重点，并介绍几种语句的基本语法，相互嵌套，再结合一些应用案例进行强化学习。第5章为数组使用，既是难点，也是重点，特别是一维数组，从概念到应用举例，均作了详细介绍。还介绍了字符串数组以及一些字符串相关函数作为扩展。第6章内容是函数，是学习重点，不涉及算法情况下难度略小，主要从函数概念，函数如何定义、声明、调用等方面作讲解。第7章是指针，是难点，主要对指针的概念、作用、定义、使用进行介绍，还扩展了数组与指针、函数与指针的联系，为后续深度嵌入式程序学习奠定基础。第8章介绍结构体与共用体，它们的作用、意义，它们的定义、初始化、成员引用，也为后续深度嵌入式程序学习奠定基础。第9章主要学习编译预处理，本章内容在其他教材中讲解较少，但是在本书中作为一个章节学习，因为在后期嵌入式程序学习中，这部分内容使用频率非常高。

本书具有以下特色：①本书主要针对大专院校电子专业，机械、电气等相关专业也比较适用，因此笔者团队成员均为电子专业资深教师，具有多年教学经验和项目开发经验。②为了方便广大师生利用现代信息技术更好地学习，本书大量引用了国家资源库“无人机应用技术”中的“嵌入式C程序设计”课程网络资源，该课程资源是由笔者团队负责建设的，在智慧职教平台应用，这样有助于课堂教学信息化。③本书还突出层次教学，学生的学习能力参差不齐，有些学生专业课学得较好，可能给自己定位走技术线路，这样平时学习可能就需要学习深度，有的学生可能专业课学习吃力，给自己定位为非开发技术线路，这类学生主要着重于学习广度，因此一堂课上，不同学生有不同的知识需求，针对这种情况，笔者团队在编写本书过程中，将相关例题、习题作了分类，对于较难的题，作了题号背景加粗，这样教师在布置作业，或者布置学生看书学习时可以针对不同学习层次学生作相应的区分，以提高教学效率。

本书配有相应的教学课件，需要者请登录工大书苑(http://gdsy.nwpu.edu.cn/#/home)下载。

本书由黄超主编，具体编写分工如下：明帆负责软件使用介绍与编译预处理及指针部分；刘栩鄰负责数据类型与函数部分；马颖负责三大结构内容；车亚进负责数组、结构体与共用体部分；黄超负责运算符与表达式，教材统筹，包括架构、例题选定等。

编写本书曾参考了相关文献、资料，在此对其作者一并致谢。

由于笔者水平有限，书中不足之处请广大读者不吝指正，联系邮箱为huang2006917@126.com。

编著者

2023年8月

目　录

第 1 章　C 语言程序入门

自从第一台计算机诞生以来，程序设计语言和开发方法一直在随着科技进步而快速发展着。人类和计算机打交道，必须要解决“语言”沟通的问题。

C 语言功能丰富、表达能力强、使用灵活方便、应用面广、目标程序效率高、可移植性好，既具有高级语言的优点，又具有低级语言的许多特点，既适用于编写系统软件，又能方便地编写应用软件。目前，C 语言仍然是最优秀的程序设计语言之一。

学习本章后，读者将对 C 语言及 C 程序有一个初步认识，并能开展 C 语言程序的运行实践。

1.1　C 语言简介

C 语言是一门面向过程的、模块化的程序设计语言，能以简易的方式编译、处理低级存储器，广泛应用于底层硬件开发。

1. C 语言的发展历史

1967 年，剑桥大学的 Martin Richards 对 CPL(组合程序规划语言)进行了简化，于是产生了 BCPL(基本组合程序规划语言)。

1970 年，美国贝尔实验室的 Ken Thompson 以 BCPL 语言为基础，设计出很简单且很接近硬件的 B 语言(取 BCPL 的首字母)，并且他用 B 语言编写了第一个 UNIX 操作系统。

1972 年，美国贝尔实验室的 D. M. Ritchie 在 B 语言的基础上最终设计出了一种新的语言，他取了 BCPL 的第二个字母作为这种语言的名字，这就是 C 语言。

1973 年初，C 语言的主体完成。Thompson 和 Ritchie 迫不及待地开始用它完全重写了 UNIX。

1977 年，D. M. Ritchie 发表了不依赖于具体机器系统的 C 语言编译文本《可移植的 C 语言编译程序》。

1982 年，很多有识之士和美国国家标准协会为了使这门语言健康地发展下去，决定成立 C 标准委员会，建立 C 语言的标准。该委员会由硬件厂商、编译器及其他软件工具生产商、软件设计师、顾问、学术界人士、C语言开发者和应用程序员组成。

1989年，ANSI(美国国家标准研究所)发布了第一个完整的C语言标准——ANSI X3.159—1989，简称“C89”，不过人们也习惯称其为“ANSI C”。

1990年，C89被国际标准化组织(International Standard Organization，ISO)一字不改地采纳，ISO官方给予的名称为ISO/IEC 9899，所以ISO/IEC 9899:1990也通常被简称为“C90”。

1999年，在作了一些必要的修正和完善后，ISO发布了新的C语言标准，命名为ISO/IEC 9899:1999，简称“C99”。

2011年12月8日，ISO又正式发布了新的C语言标准，称为ISO/IEC 9899:2011，简称“C11”。

2. C语言的特点

C语言是一门结构化语言，它有着清晰的层次，可按照模块的方式对程序进行编写，十分有利于程序的调试，且C语言的处理和表现能力都非常强大，依靠非常全面的运算符和多样的数据类型，可以轻易完成各种数据结构的构建，通过指针类型更可对内存直接寻址以及对硬件进行直接操作，因此既可用于开发系统程序，也可用于开发应用软件。通过对C语言进行研究分析，总结出其主要特点如下：

(1) 简洁。C语言包含的各种控制语句仅有9种，关键字也只有32个，程序的编写要求不严格且以小写字母为主。实际上，C语句构成与硬件有关联的较少，且C语言本身不提供与硬件相关的输入/输出、文件管理等功能，如需此类功能，需要通过配合编译系统所支持的各类库进行编程，故C语言拥有非常简洁的编译系统。

(2)具有结构化的控制语句。C语言是一种结构化的语言，提供的控制语句具有结构化特征，如for语句、if…else语句和switch语句等，可以用于实现函数的逻辑控制，方便面向过程的程序设计。

(3)丰富的数据类型。C语言包含的数据类型广泛，不仅包含有传统的字符型、整型、浮点型、数组类型等数据类型，还具有其他编程语言所不具备的数据类型，其中以指针类型数据使用最为灵活，可以通过编程对各种数据结构进行计算。

(4)丰富的运算符。C语言包含34个运算符，它将赋值、括号等均作为运算符来操作，使C程序的表达式类型和运算符类型均非常丰富。

(5)可对物理地址进行直接操作。C语言允许对硬件内存地址进行直接读/写，因此可以实现汇编语言的主要功能，并可直接操作硬件。C语言不但具备高级语言所具有的良好特性，还包含了许多低级语言的优势，故在系统软件编程领域有着广泛的应用。

(6)代码具有较好的可移植性。C语言是面向过程的编程语言，用户只需要关注所被解决问题的本身，而不需要花费过多的精力去了解相关硬件，且针对不同的硬件环境，在用C语言实现相同功能时的代码基本一致，不需或仅需进行少量改动便可完成移植。这就意味着，用一台计算机编写的C程序可以在另一台计算机上轻松地运行，从而极大地减少了程序移植的工作强度。

C语言特点

(7)可生成高质量、目标代码执行效率高的程序。与其他高级语言相比，C 语言可以生成高质量和高效率的目标代码，故 C 语言通常应用于对代码质量和执行效率要求较高的嵌入式系统程序的编写。

1.2　开发环境搭建

1.2.1　软件安装(DEV)

第 1 步：双击安装文件 DevCpp.5.10.TDM.exe 。

第 2 步：选择安装语言为“English”后单击“OK”按钮，如图 1.1 所示。

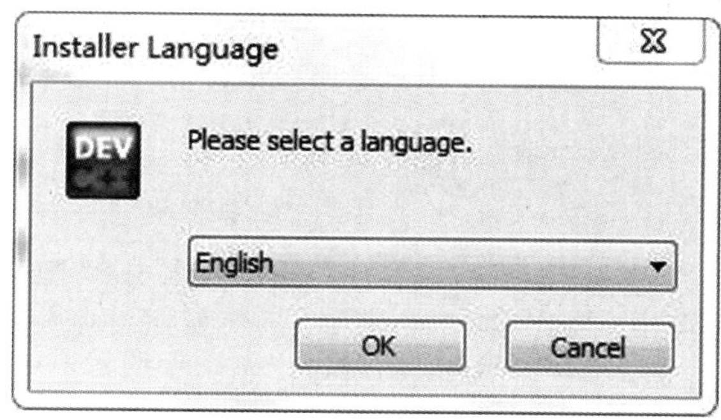

图 1.1　选择安装语言

第 3 步：接受许可协议，单击“I Agree”按钮，如图 1.2 所示。

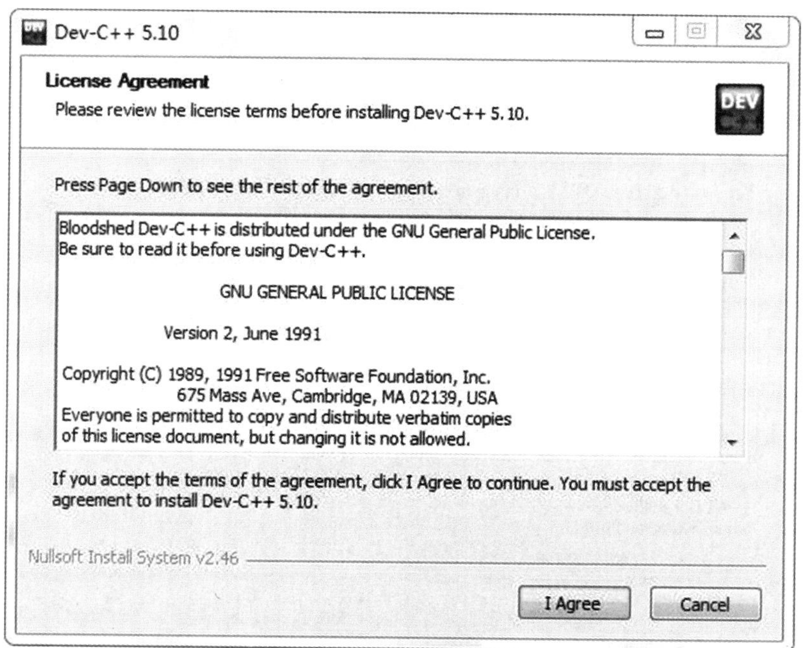

图 1.2　接受许可协议

第 4 步:选择安装方式“Full”,然后单击“Next”按钮,如图 1.3 所示。

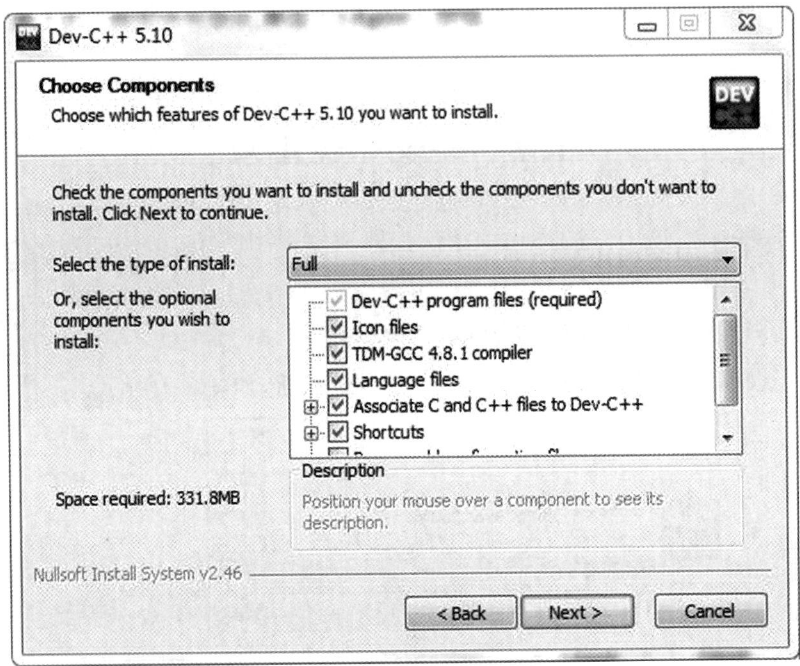

图 1.3　选择安装方式

第 5 步:选择安装路径,单击“Browse”按钮可以修改安装路径,设置好后单击“Install”按钮,如图 1.4 所示。

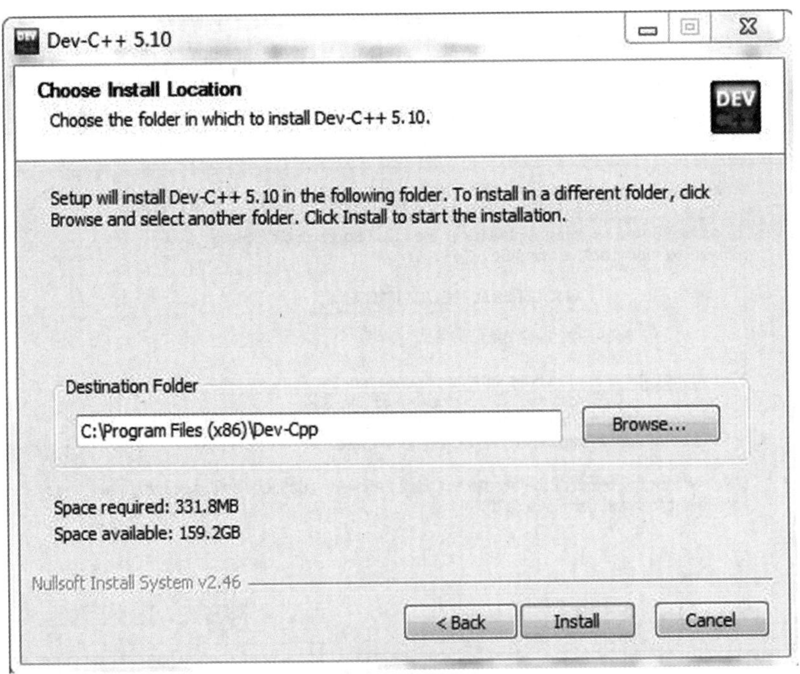

图 1.4　选择安装路径

第 6 步：依次单击“Next”，如图 1.5 所示，等待安装完成后单击“Finish”按钮即可。

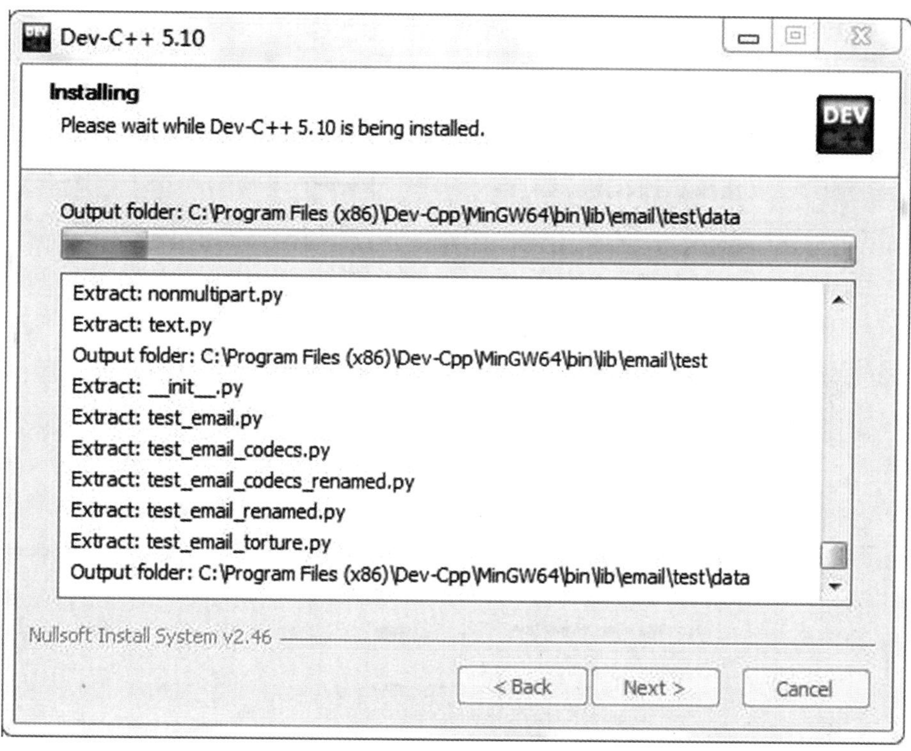

图 1.5　开始安装

第 7 步：汉化，在菜单栏，点击“Tools”→“Environment Options ...”，如图 1.6 所示。在弹出的环境配置对话框中选择“General”面板，选择“Language”，在弹出的下拉列表中选择“简体中文/Chinese”即可，如图 1.7 所示。

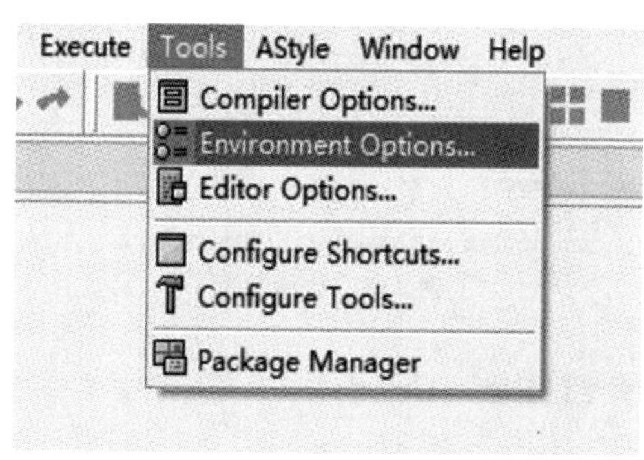

图 1.6　汉化

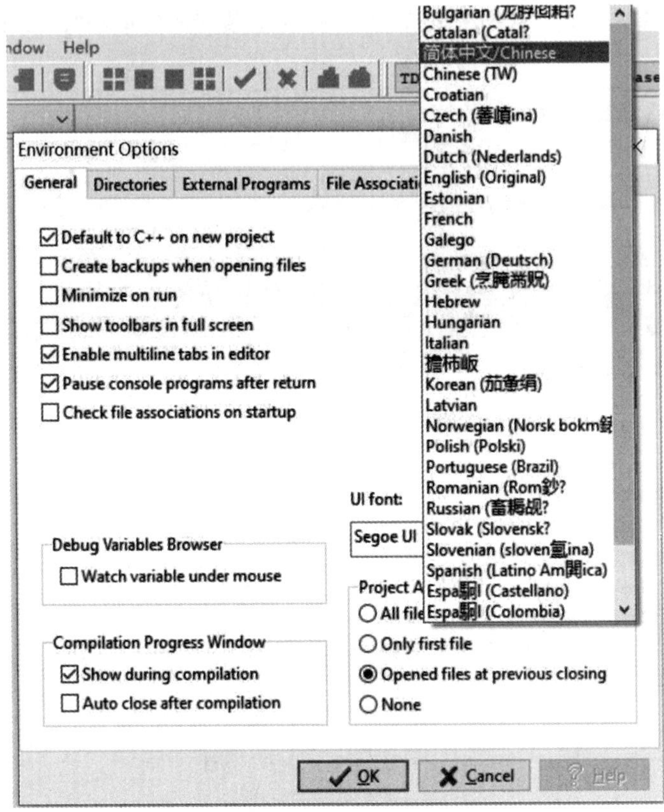

图 1.7　选择字体

第8步:启动软件,开启编程之旅,界面如图1.8所示。

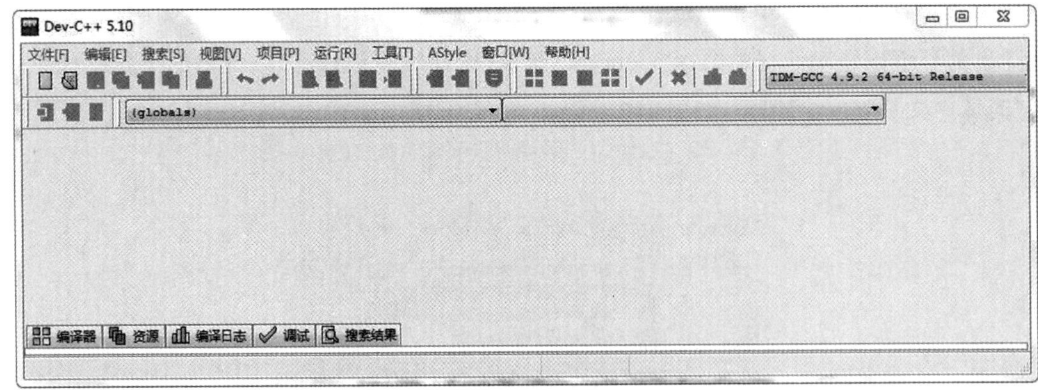

图 1.8　软件界面

1.2.2　开发环境介绍(Dev－C＋＋)

1.配置开发环境

在使用Dev－C＋＋开发程序之前,需要对开发环境进行一些必要的配置,以符合自己的编程习惯。Dev－C＋＋的配置主要在工具菜单中完成。

(1)配置环境参数。

第 1 步:启动 Dev - C＋＋软件,单击“工具”菜单,选择“环境选项”进入环境参数的配置,如图 1.9 所示。

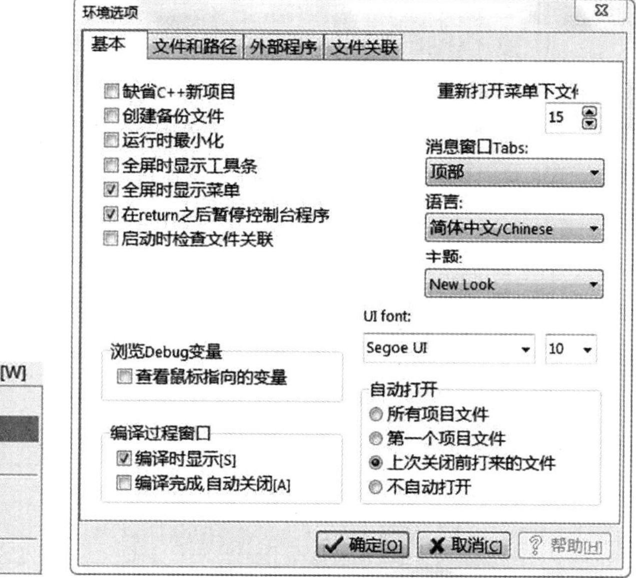

图 1.9　**环境参数配置**

第 2 步:在“基本”选项卡中设置软件界面的显示风格和语言,还可以设置自动打开的文件。

第 3 步:在“文件关联”选项卡中设置语言的种类,如图 1.10 所示。

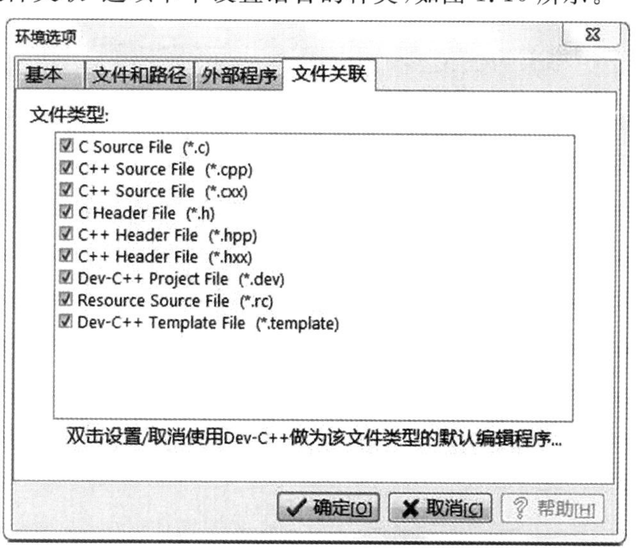

图 1.10　**文件关联设置**

第 4 步:在“文件和路径”选项卡中设置用户工作目录。

(2)配置编辑器选项。

第 1 步:单击“工具”菜单,选择“编辑器选项”进入编辑器属性对话框,如图 1.11 所示。

图 1.11　编辑器属性对话框

第 2 步:在“基本”选项卡中设置代码自动缩进等属性,如图 1.11 所示。

第 3 步:在“显示”选项卡中设置字体和大小,勾选“行号”,方便后续调试程序,如图1.12 所示。

图 1.12　显示选项设置

2. 使用方法

(1)单击“文件”→“新建”命令可以快速创建一个 C 程序。

(2)在文件编辑区输入程序源代码,如图 1.13 所示。

图 1.13　编辑源代码

(3)单击工具栏上的“保存”按钮,注意将文件类型改为“C source files”,如图 1.14 所示。

图 1.14　保存文件

(4)单击工具栏上的“编译运行”按钮,运行程序,查看程序的输出结果,如图 1.15 所示。

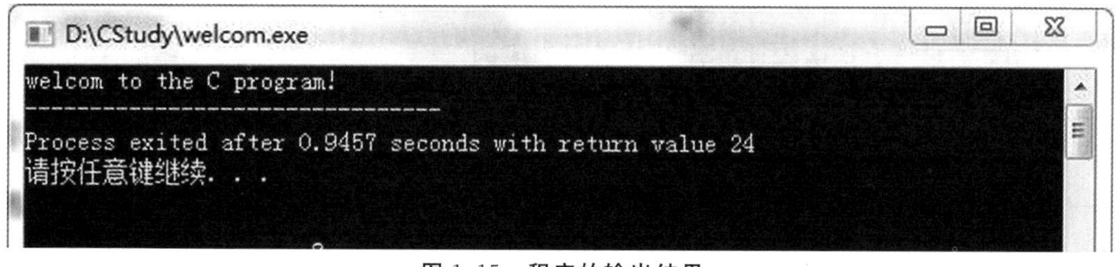

图 1.15　程序的输出结果

1.3 C程序基础

本节介绍C程序的结构、标识符与关键字以及输入/输出函数等，以便于读者总体上了解与把握C程序。

1.3.1 C程序的基本结构及说明

1. C程序基本结构示例

```
#include<stdio.h>
main()
{ //主函数
    int s,a,b;//变量定义语句
    scanf("%d,%d",&a,&b);//变量赋值语句或输入语句
    a=a+b;
    b=a+b;
    s=a+b; //功能语句部分
    printf("a=%d,b=%d,s=%d\n",a,b,s);//输出语句
}
```

2. 基本结构说明

(1)文件包含宏命令和头文件。在程序中加入#include <filename>时，C编译系统会自动将指定的filename文件(头文件)的内容全部包含在本程序中，并放置在#include <filename>的位置。#include称为文件包含命令，是C程序的编译预处理命令。C程序中语句可以分为可执行语句和非可执行语句，非可执行语句是在程序的编译阶段完成的，可执行语句在程序的运行过程中执行。C程序中的预处理命令和变量定义语句都是在编译阶段完成的。

(2)main函数。一个C程序是由一个或多个函数构成的，但是有且只能有一个主函数main。一个函数可以调用其他函数，但是不能调用主函数，上述C程序基本结构示例中就是在main函数中调用了printf函数。C程序总是从main函数开始执行，并在main函数中结束。

(3)变量。变量是一个C程序必不可少的最基本的组成部分，变量用于提供存储空间存放数据。C程序规定所有的变量必须先定义后使用。因为只有事先定义好变量，C编译系统才知道为该变量分配多大的存储空间。

(4)语句。C语言的函数是由若干条语句构成的，语句必须用";"作为结束。C语言的语句种类繁多，如变量定义语句、赋值语句、函数调用语句、表达式语句、复合语句等。

(5)输入和输出。一个C程序可以没有输入语句，但至少要包含一个输出语句，否则就无法判断程序的执行状态和执行结果。没有输出的程序是一个无用的程序。但是C语言本身没有提供输入/输出语句，要实现数据的输入/输出就必须调用stdio.h文件中的输入/输出函数。这就是在每个C程序的开头都会有#include <stdio.h>这条语句的原因。

1.3.2　标识符与关键字

1. 标识符

在 C 程序中使用的变量名、函数名、标号等统称为标识符。除库函数的函数名由系统定义外，其余都由用户自定义。C 语言规定，标识符只能是字母、数字、下画线组成的字符串，并且第一个字符不能是数字。C 程序的标识符大致可以分为两类：一是关键字，二是自定义的函数名、变量名等符号。

2. 关键字

关键字通常也称为保留字，是 C 语言系统事先定义好有特定功能的标识符，如 if 关键字表示进行选择结构的判断，int 表示有符号整型变量的类型说明符。系统关键字不能作为用户自定义的标识符使用，同时严格区分大小写。C 语言一共提供了 32 个关键字，如表1.1所示。

表 1.1　C 语言的关键字

auto	continue	break	case	char	const
default	do	double	else	enum	extern
float	for	goto	short	signed	sizeof
static	struct	switch	typedef	union	unsigned
void	volatile	while	if	int	long
register	return				

1.3.3　输入/输出函数

所谓输入/输出是以计算机为主体而言的。数据从外设（如键盘、磁盘文件等）进入计算机内存为数据输入。相反地，数据从计算机内存取出到外设（如显示器）为数据输出。在 C 语言中，所有的数据输入/输出都是由库函数完成的，因此都是函数调用。

1. 字符数据的输入/输出

这里主要介绍 putchar 输出函数与 getchar 输入函数。

(1)putchar 函数。putchar 函数为字符输出函数，putchar 是 putcharacter（送出字符）的缩写，其功能是在显示器上输出单个字符。其一般形式为：

```
putchar(字符变量或字符常量或整型值)；
```

例 1-1　输出单个字符。

```
#include<stdio.h>
void main()
{
  char a='B',b='o',c='k';
  putchar(a); putchar(b); putchar(b); putchar(c);
}
```

答案 运行结果如下：

```
Book
```

(2)getchar 函数。getchar 函数为字符输入函数，getchar 是 getcharacter(获取字符)的缩写，其功能是从键盘输入单个字符。其一般形式为：

```
getchar();
```

通常它把输入的字符赋予一个字符变量，构成赋值语句，例如：

c=getchar();

例 1－2 输入单个字符并显示。

答案

```
#include<stdio.h>
void main()
{
  char c;
  printf("input a character\n");
  c=getchar();
  putchar(c);
}
```

2. 格式数据的输入/输出

下述主要介绍 printf 输出函数与 scanf 输入函数。

(1)格式输出函数 printf。

printf 函数称为格式输出函数，其关键字最末一个字母 f 即为“格式”(format)之意，其功能是按用户指定的格式，把指定的数据显示到显示屏上。

printf 函数调用的一般形式为：

```
printf(格式控制字符串，输出列表);
```

其中，格式控制字符串用于指定输出格式，往往是用双引号括起来的字符串常量。格式控制字符串可由格式字符串和非格式字符串组成。格式字符串是由“%”开头的字符串，在“%”后面跟有各种格式字符，以说明输出数据的类型、形式、长度、小数位数等。例如：

“%d”：按十进制整型输出。

“%c”：按字符型输出。

“%f”：按浮点型输出。

非格式字符串在输出时原样输出，在显示中多数起提示作用。这里要注意，非格式字符串含有转义字符时，将输出转义后的字符。例如，“\n”将输出换行。输出列表给出了各个输出项，要求格式字符串和各输出项在数量和类型上必须一一对应。

例 1－3　多格式输出两个整型变量的值及其对应的字符。

```
int main( )
{
int a=65,b=97;
   printf("%d   %d\n",a,b);
   printf("%d,%d\n",a,b);
   printf("%c,%c\n",a,b);
   printf("a=%d,b=%d\n",a,b);
}
```

ASCII码表

答案　运行结果如下：

```
65 97
65,97
A,a
a=65,b=97
```

(2)格式输入函数 scanf。

scanf 函数是一个标准库函数，它的函数原型也在头文件 stdio. h 中，与 printf 函数相同。

scanf 函数的一般形式为：

```
scanf(格式控制字符串,地址列表);
```

其中，格式控制字符串的作用与 printf 函数中的相同，但输入时不能显示非格式字符串。地址列表中给出各变量的地址。地址是由地址运算符“&”后跟变量名或数组元素组成的。例如，&a 和 &b 分别表示变量 a 和变量 b 的地址。

例 1－4　通过 scanf 函数输入 3 个整型变量。

```
int main(void)
{
   int a,b,c;
   printf("input a,b,c\n");
   scanf("%d%d%d",&a,&b,&c);
   printf("%d%d%d",a,b,c);
}
```

分析　在本例中，由于 scanf 函数本身不能显示提示串，故先用 printf 语句在屏幕上输出提示，意为请用户输入 a,b,c 的值。执行 scanf 语句时，在屏幕上则等待用户输入。用户输入“1,2,3”后按下回车键，此时，系统将打印出刚读到的 a,b,c 的值。在 scanf 语句的格式控制字符串中由于没有非格式字符串在“%d%d%d”之间作输入时的间隔，因此，在输入时要用一个或一个以上的空格或回车键作为每两个输入数之间的间隔。例如：

输入

```
1 2 3
```

或

```
1
2
3
```

输出

```
1 2 3
```

1.4 习　　题

一、选择题

1. C语言是一门(　　)。

A:面向过程的高级语言　　B:面向过程的低级语言

C:面向对象的低级语言　　D:面向对象的高级语言

2. (　　)是构成C语言的基本单位。

A:过程　　B:函数　　C:子例程　　D:子程序

3. 一个C程序中至少包含一个(　　)。

A:头文件　　B:注释　　C:主函数　　D:宏定义

4. C语言程序从(　　)开始执行。

A:程序中第一条语句　　B:程序中第一个函数

C:程序中的main函数　　D:包含文件中的第一个函数

5. 下列C语言用户标识符合法的是(　　)。

A:3ax　　B:x　　C:case　　D:－e2

6. C程序中,合法的关键字是(　　)。

A:int　　B:integer　　C:Int　　D:Integer

二、判断题

1. C语言不可对物理地址进行操作。(　　)

2. C程序中的预处理命令和变量定义语句都是在编译阶段完成的。(　　)

3. C语言的标识符不区分大小写。(　　)

三、程序阅读题

若从键盘输入的数据为123456.78,写出下列程序的输出结果。

```
int main( )
{
    int a; float f;
    scanf("%3d%f",&a,&f);
    printf("a=%d,f=%.0f\n",a,f);
}
```

第 2 章　数据类型

数据类型

计算机程序的执行是通过对数据进行操作来实现的，因此我们首先把要处理的对象抽象成数据，然后用程序语句来体现这些数据的操作步骤，最终显示计算机程序的执行结果，这一结果可以直接在屏幕上显示，也可以传送给另一个程序或系统。由此可见，一个计算机程序是由数据结构和算法两部分组成的。

无论采用什么样的程序设计方法和程序设计语言，程序最本质的东西都是一样的，即"算法"处理"数据"，"数据"反映程序的结果。因此，所有的程序设计语言都必须具有表达数据的能力，但数据表达的能力会有强有弱。语言的数据表达能力的强弱是指这种语言对数据进行表达的方便程度。比如说，机器语言只能在源程序中用二进制的形式书写数据，数据表达能力较弱，而高级语言能在源程序中用十进制等更方便的形式书写数据，数据表达能力较强。在高级语言中，C 语言的数据表达能力几乎是最强的。本章介绍 C 语言中与数据描述和数据处理有关的问题，包括 C 语言的数据类型、常量、变量。

2.1　数字表示

在计算机上，打开"计算器"，输入几个数据，就可以得到它们的计算结果。对我们来讲，输入的是数据，看到的是结果。而对计算机来讲，它看到的是什么呢？本节先介绍计算机中的进制形式，然后介绍数据在计算机中是如何被存储的。

2.1.1　进制

二进制、八进制和十六进制是计算机中常用的进制形式。N 进制的计数法则，就是"逢 N 进一"。

1. 二进制

二进制

二进制数是用 0 和 1 两个数码来表示的数，如 $(111\ 101)_2$ 表示二进制数，它的基数为 2，进位规则是"逢二进一"。

2. 十进制

十进制数是用 0～9 共 10 个数码来表示的数，如 $(128)_{10}$ 表示十进制数，它的基数为10，进位规则是“逢十进一”。

3. 八进制

八进制数是用0～7共8个数码来表示的数，最高位为0，如十进制的128，用八进制表示为$(0200)_8$。八进制数的基数为8，进位规则是“逢八进一”。

4. 十六进制

十六进制数是由0～9和A～F共16个字符来表示的数，以0x或0X开头，如十进制的128，用十六进制表示为$(0x80)_{16}$或$(0X80)_{16}$。十六进制数的基数为16，进位规则是“逢十六进一”。

十六进制

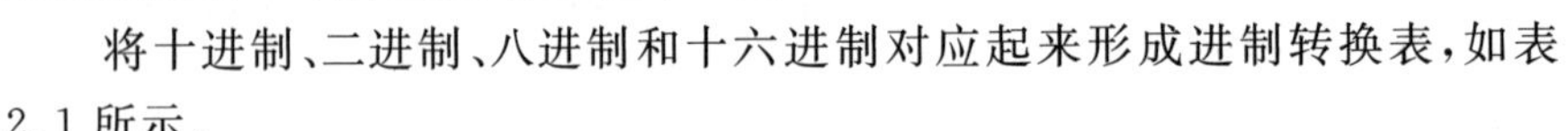
将十进制、二进制、八进制和十六进制对应起来形成进制转换表，如表2.1所示。

表2.1　进制转换表

十进制	二进制	八进制	十六进制
0	0	0	0
1	1	1	1
2	10	2	2
3	11	3	3
4	100	4	4
5	101	5	5
6	110	6	6
7	111	7	7
8	1000	10	8
9	1001	11	9
10	1010	12	A
11	1011	13	B
12	1100	14	C
13	1101	15	D
14	1110	16	E
15	1111	17	F
16	10000	20	10
17	10001	21	11
18	10010	22	12
19	10011	23	13
…	…	…	…
31	11111	37	1F
32	100000	40	20
…	…	…	…
255	11111111	377	FF
256	100000000	400	100

限于篇幅，表 2.1 没有按顺序将所有的进制间的转换关系列出来，读者可以自行列一下，以加深印象。由表 2.1 可以总结出以下两条规律：

(1)4 个二进制位和 1 个十六进制位可以表示的数刚好匹配。例如，4 个二进制位最大只能表示十进制的 15，而十六进制的一位最大是 F，也就是十进制的 15。为了表示十进制数字 16，二进制必须用到 5 位，为 10000，十六进制必须使用 2 位，为 10。

(2)同理，8 个二进制位和 2 个十六进制位可以表示的数相同。

例 2－1　十进制数 1000 对应的二进制数为________，对应的十六进制数为________。

A：1111101010　3C8

B：1111101000　3E8

C：1111101100　3F8

D：1111101110　3D8

分析　本题考查的知识点是进制转换，因为 1000＝1023－23，而 1023＝$(1111111111)_2$，23＝$(0000010111)_2$，所以 1000＝$(1111101000)_2$。二进制四位对应一个十六进制数，$(1111101000)_2$ 对应$(3E8)_{16}$。

答案

B

例 2－2　八进制数 40 对应的十制数为________，十六进制数的 20 转成十进制数为________。

A：32　32

B：33　33

C：32　34

D：33　35

分析　本题考查的知识点是进制转换，可查看表 2.1。

答案

A

2.1.2　位、字节

程序员编写的程序以及所使用的数据在计算机的内存中是以二进制位序列的方式存放的。典型的计算机内存段二进制位序列如下：

…0001000101110000100111100000010101010111100…

上面的二进制位序列里，每一位上的数字，要么是 0，要么是 1。在计算机中，位(bit，b)是含有值 0 或 1 的一个单元。在物理上，它的值是一个负电荷或是一个正电荷，也就是在计算机中可以通过电压的高低来表示一位所含有的值。如果是0,则用低电压表示;如果是1,则用高电压表示。

位、字节

在上面的二进制位序列这个层次上,位的集合没有结构,很难解释这些序列的意义。为了能够从整体上考虑这些位,于是给这些位序列强加上了结构的概念,这样的结构被称作字节(Byte,B)和字(Word,W)。通常,一个字节由8位构成,而一个字由32位构成,或者说由4个字节构成。

计算机中物理内存的空间是有限的。硬盘的空间也有限,现在的硬盘空间一般都是超过500GB。在这里,512MB和320GB是什么意思呢?这其实是一个简单的单位换算。

1字节=8位

1K字节=1024字节=2^{10}字节,也就是1K=1024

1M字节=1024K字节=1024×1024字节=2^{20}字节,也就是1M=1024K

1G字节=1024M字节=1024×1024×1024字节=2^{30}字节,也就是1G=1024M

例2-3　计算:5字节等于________位。

分析　本题考查的知识点是字节与位的换算,1字节=8位,因此5字节等于40位。

答案

40

例2-4　计算:6G字节等于________字节、________位。

分析　本题考查的知识点是字节与位的换算,1G字节=1024M字节=1024×1024×1024字节=2^{30}字节,因此6G字节等于$6*2^{30}$字节、$6*8*2^{30}$位。

答案

$6*2^{30}$、$6*8*2^{30}$

2.2 常　　量

在程序运行过程中,其值不能被改变的量称为常量,如5,9,32,10000.0036等。数值常量就是数学中的常数。

常用的常量有以下几种。

常量

2.2.1 整型常量

如1000,12345,0,-12等都是整型常量。

C 语言程序中的整型(Integer)常量通常用我们熟悉的十进制(Decimal)数来表示,但事实上它们都是以二进制形式存储在计算机内存中的。用二进制数表示不直观,因此有时也将其表示为八进制(Octal)和十六进制(Hexadecimal)形式,编译器会自动将其转换为二进制形式存储。

例 2-5　不合法的整型常量为________。

A:$(023)_{10}$

B:-5

C:0x3A

D:$(023)_8$

分析　本题考查的知识点是书写整型常量的形式。以 0 开头的是八进制数,因此 A 选项错误。

答案

A

例 2-6　八进制用________表示。

A:Integer

B:Decimal

C:Octal

D:Hexadecimal

分析　本题考查的知识点是进制数的英文表示,Integer 表示整型常量、Decimal 表示十进制、Octal 表示八进制、Hexadecimal 表示十六进制,因此 C 选项正确。

答案

C

2.2.2　实型常量

实型常量有以下两种表示形式:

(1)十进制小数形式,由数字和小数点组成,如 123.456,0.234,-34.23等。

(2)指数形式,如 12.34e3(代表 $12.34*10^3$)。由于在计算机输入或输出时,无法表示上角或下角,因此规定以字母 e 或 E 代表以 10 为底的指数。但应注意:e 或 E 之前必须有数字,且 e 或 E 的后面必须为整数,如不能写成 e4,12e2.5。

例 2-7　不合法的实型常量为________。

A：12.45

B：.345

C：E−9

D：−12.5e−5

分析　本题考查的知识点是书写实型常量形式。指数必须是不超过数据表示范围的正负整数，并且 e 或 E 前面必须有数字。因此 C 选项错误。

答案

C

2.2.3　字符型常量

字符型常量

有以下两种形式的字符常量。

(1)普通字符：用单引号括起来的一个字符，如‘a’，‘Z’，‘3’，‘?’，不能写成‘ab’或‘12’。请注意：单引号只是界限符，字符常量只能是一个字符，不包括单引号。字符常量存储在计算机的存储单元中时，并不是存储字符本身，而是以其代码[一般采用 ASCII(美国标准信息交换码)]形式存储的，例如，字符‘a’的 ASCII 码是 97，因此，在存储单元中存放的是 97(以二进制形式存放)。ASCII 码字符与代码表见附表 1。

(2)转义字符：除了以上形式的字符常量外，C 语言还允许用一种特殊形式的字符常量，就是以字符“\”开头的字符序列。例如：前面已经遇到过的在 printf 函数中的“\n”，表示一个换行符；“\t”表示将输出的位置跳到下一个 tab 位置(制表位置)，一个 tab 位置为 8 列。转义字符是一种在屏幕上无法显示的“控制字符”，在程序中也无法用一个一般形式的字符来表示，只能采用这样的特殊形式来表示。

常用的以“\”开头的转义字符如表 2.2 所示。

表 2.2　转义字符及其作用

转义字符	字符值	输出结果
\'	一个单引号	具有此八进制码的字符
\"	一个双引号	输出此字符
\?	一个问号	输出此字符
\\	一个反斜线	输出此字符
\a	警告(alert)	产生声音或视觉信号
\b	退格	将当前位置后退一个字符
\f	换页	将当前位置移到下一页的开头
\n	换行	将当前位置移到下一行的开头
\r	回车	将当前位置移到本行的开头

续 表

转义字符	字符值	输出结果
\t	水平制表符	将当前位置移到下一个 tab 位置
\v	垂直制表符	将当前位置移到下一个垂直制表对齐点
\ddd	与该八进制码对应的 ASCII 码字符	与该八进制码对应的字符
\xddd	与该十六进制码对应的 ASCII 码字符	与该十六进制码对应的字符

表 2.2 中列出的字符称为“转义字符”，意思是将“\”后面的字符转换成另外的意义。如“\n”中的“n”不代表字母 n 而作为“换行”符。

表 2.2 中倒数第 2 行是一个以八进制数表示的字符，例如“\101”代表八进制数 101 的 ASCII 码字符，即“A”(八进制数 101 相当于十进制数 65，从附表 1 可以看到 ASCII 码为 65 的字符是大写字母“A”)。“\12”代表八进制数 12(即十进制数的 10)的 ASCII 码所对应的字符“换行”符。

表 2.2 中倒数第 1 行是一个以十六进制数表示的 ASCII 码字符，如“x41”代表十六进制数 41 的 ASCII 码字符，也就是“A”(十六进制数 41 相当于十进制数 65)。

用表 2.2 中的方法可以表示任何可显示的字母字符、数字字符、专用字符、图形字符和控制字符。如“\33”或“x1b”代表 ASCII 码为 27 的字符，即“esc”控制符。“\0”或“\x00”代表 ASCII 码为 0 的控制字符，即“空操作”字符，它常用在字符串中。

例 2－8　不合法的字符型常量为________。

A：‘5’

B：‘ ’

C：‘\101’

D：“aaa”

分析　本题考查的知识点是书写字符型常量形式。字符型常量只能用单引号括起来，不能使用双引号或其他括号，因此 D 选项错误。

答案

D

例 2－9　合法的字符型常量为________。

A：‘9999’

B：“ ”

C：\101

D：“9999”

分析　本题考查的知识点是书写字符型常量形式。字符型常量只能用单引号括起来，不能使用双引号或其他括号，因此A选项正确。

答案
A

2.2.4　字符串常量

字符串常量是用双引号括起来的若干个字符，如“boy”，“123”等。注意不能错写成“‘girl’”，“‘56’”。单引号内只能包含一个字符，双引号内可以包含一个字符串。

字符串常量

例2-10　不合法的字符串常量为________。

A：“CHAIN￥23”

B：“1”

C：‘ahsih’

D：“aaa”

分析　本题考查的知识点是书写字符串常量形式。字符串常量只能用双引号括起来，不能使用单号或其他括号，因此C选项错误。

答案
C

例2-11　合法的字符串常量为________。

A：‘CHAIN￥23’

B：!!!

C：“ahsih”

D：‘ ’

分析　本题考查的知识点是书写字符串常量形式。字符串常量只能用双引号括起来，不能使用单号或其他括号，因此C选项正确。

答案
C

2.2.5　符号常量

用＃define指令，指定用一个符号名称代表一个常量，例如：

＃define PI 3.1416　//注意行末没有分号

经过以上的指定后，程序中从此行开始的所有 PI 都表示 3.1416。在对程序进行编译前，预处理器先对 PI 进行处理，把所有 PI 全部置换为 3.1416。这种用一个符号名代表一个常量的，称为“符号常量”。使用符号常量有以下优点：

(1)含义清楚。看程序时从 PI 就可大致知道它表示圆周率。因此，在定义符号常量时，应尽量使其顾名思义。

(2)当需要改变程序中多处用到的同一个常量时，能做到“一改全改”。例如，多处用到某物品的价格，如果价格用常数 30 表示，则在价格调整为 40 时，就需要在程序中作多处修改。若用符号常量 PRICE 表示价格，只需改动一处即可：

＃define PRICE 40

例 2-12　不合法的符号常量定义为________。

A：＃define PI 3.1314

B：＃define PI 3

C：＃define PI a

D：＃define PI 4.178

分析　本题考查的知识点是书写符号常量形式。符号常量用宏定义进行定义，其定义形式如下：＃define 标识符 常量，因此 C 选项错误。

答案

C

例 2-13　合法的符号常量定义为________。

A：＃define PI 3.1314

B：＃defune PI 1

C：＃define PI a

D：＃defune PI a

分析　本题考查的知识点是书写符号常量形式。符号常量用宏定义进行定义，其定义形式如下：＃define 标识符 常量，因此 A 选项正确。

答案

A

2.3 变　量

变量和常量相对，常量就是常数，不会变化，如果将数值作为常量写入代码中，将永远不会改变。变量会变化，变量之所以会变，是因为其存储空间允许它变。C语言通过变量名来引用该变量的值。

2.3.1 变量的定义

变量代表一个有名字的、具有特定属性的存储单元。它用来存放数据，也就是存放变量的值。在程序运行期间，变量的值是可以改变的。

为什么要使用变量呢？编写程序时，常常需要将数据存储在内存中，方便后面使用这个数据或者修改这个数据的值，使用变量可以引用存储在内存中的数据，并随时根据需要显示数据或执行数据操作。

由于变量的实质是内存中的一个存储单元，每个变量在计算机中对应相应长度的存储空间，因此在使用变量前应向系统申请存储单元，这一过程就是定义变量的过程。

变量必须先定义，后使用。定义变量的一般格式如下：

```
数据类型 变量名1,变量名2,…,变量名n;
```

在定义变量时指定该变量的类型和名字。变量的类型决定了变量的长度，变量的名字用来被引用。在使用变量的时候需要注意以下几点：

(1)数据类型有且只有一个。

(2)区分变量名和变量值这两个不同的概念。“a=2;”中，a是变量名，2是变量a的值，即存放在变量a的内存单元中的数据。变量名实际上是一个以名字代表的存储地址。

(3)允许同时定义多个变量，各变量名之间用逗号分隔。数据类型和变量名之间至少有一个空格。

(4)变量定义必须放在变量使用之前，必须放在函数开头部分。

(5)在定义变量的同时可以进行赋初值的操作，从而初始化变量。变量初始化的一般格式如下：

```
数据类型 变量名1=初值1,变量名2=初值2,…,变量名n=初值n;
```

在定义的同时对部分变量赋初值：

float radius =2.5,length,area;

在定义的同时对全部变量赋初值：

float radius=2.5,length=2.5,area=2.5　//正确

float radius=length=area=2.5;　//错误

例 2－14　编写求矩形的面积和周长的程序，矩形的长和宽从键盘输入，请填空。

```
#include <stdio.h>
int main()
{
float l, w;  //定义长、宽
____________;
scanf("%f%f",&l,&w);
area=________;
girth=________;
____________;
}
```

分析　本题考查的知识点是变量的定义及使用。矩形面积＝长＊宽，矩形周长＝(长＋宽)＊2。

答案

```
float area, girth
l*w
(l+w)*2
printf("%f,%f",area,girth)
```

例 2－15　合法的变量定义为________。

A：Int x＝2；

B：Double y＝3；

C：double y＝3

D：int x＝2；

分析　本题考查的知识点是变量定义的格式，因此 D 选项正确。

答案

D

2.3.2　整型变量

加上不同的修饰符，整型变量有以下几种类型：

(1)int(signed int 的简写)：有符号整型。字长为 2 字节 16 位二进制数，数的范围是－32 768～32 767。

(2)short(signed short int 的简写)：有符号短整型。字长为 2 字节 16 位二进制数，数的范围是－32 768～32 767。

(3)long(signed long int 的简写)：有符号长整型。字长为 4 字节 32 位

二进制数,数的范围是−2 147 483 648～2 147 483 647。

(4)unsigned(unsigned int 的简写):无符号整型。字长为 2 字节 16 位二进制数,数的范围是 0～65 535。

(5)unsigned short(unsigned short int 的简写):无符号短整型。字长为 2 字节 16 位二进制数,数的范围是 0～65 535。

(6)unsigned long(unsigned long int 的简写):无符号长整型。字长为 4 字节 32 位二进制数,数的范围是 0～4 294 967 295。

例 2-16　unsigned short int 的字长为______字节______位二进制数,数的范围是______。

分析　本题考查的知识点是整型变量类型。无符号短整型,字长为 2 字节 16 位二进制数,数的范围是 0～65 535。

答案

2 字节 16 位,0～65 535

例 2-17　unsigned long 的字长为______字节______位二进制数,数的范围是______。

分析　本题考查的知识点是整型变量类型。无符号长整型,字长为 4 字节 32 位二进制数,数的范围是 0～4 294 967 295。

答案

4 字节 32 位,0～4 294 967 295

2.3.3　实型变量

根据实型变量存储数据的有效位数的不同,把实型变量分为单精度实型变量 float(在内存中占 4 个字节 32 位,提供 7 位有效数字)和双精度实型变量 double(在内存中占 8 个字节 64 位,提供 15～16 位有效数字)。

实型变量

分析以下程序的输出结果,体会实型数据的精度:

```
#include "stdio.h"
main()
{
 float a=123456.7891;
 double b=123456.7891;
 printf("a=%f,b=%f\n",a,b);
 }
```

程序的输出结果为 a=123456.789062,b=123456.789100。从输出结果可以看出,

float 变量在超出其有效位数后输出结果并不准确。

例 2-18　下面对变量说明不正确的是________。

A:float a=123456.7891;

B:float a=b=12.322;

C:float a=12;

D:double b=123456.7891;

分析　本题考查的知识点是实型变量的初始化。多个变量即使具有相同的初值,也必须分别进行初始化,因此选项B是错误的。

答案

B

例 2-19　下面对变量说明正确的是________。

A:float a=b=12.3;

B:float a=12.3, b=12.3;

C:float a=12

D:double b=c=123456.7891;

分析　本题考查的知识点是实型变量的初始化。多个变量即使具有相同的初值,也必须分别进行初始化,因此选项B是正确的。

答案

B

2.3.4　字符型变量

字符型变量

字符型变量的类型说明符为 char。char 类型的变量只能存放一个字符,在内存中占用1个字节,可以和整型数据通用。分析如下程序,体会 char 数据的输出方式:

```
#include "stdio.h"
main()
{
 char c='A';
 printf("c=%c,c=%d\n",c,c);
}
```

程序的输出结果为 c=A,c=65。由此可见,char 类型变量按字符格式输出时输出的是字符本身,按十进制整数格式输出时输出的是该字符对应的 ASCII 码值。

例 2-20　若变量 c 为 char 类型，能正确判断出 c 为小写字母的表达式是________。

A：'a'<=c<='z'

B：(c>='a')||(c<='z')

C：(c>='a')and|(c<='z')

D：(c>='a')&&(c<='z')

分析　本题考查的知识点是字符型变量和逻辑运算符。&& 表示并且，|| 表示或者。

答案

D

例 2-21　若变量 c 为 char 类型，能正确判断出 c 为大写字母的表达式是________。

A：'A'<=c<='Z'

B：(c>='A')||(c<='Z')

C：(c>='A')and|(c<='Z')

D：(c>='A')&&(c<='Z')

分析　本题考查的知识点是字符型变量和逻辑运算符。&& 表示并且，|| 表示或者。

答案

D

2.4　习　　题

一、选择题

1. 二进制的英文单词是(　　)。

A：sbt　　B：Byte　　C：Binary　　D：con

2. 在数字后面加上大写 B 表示该数是(　　)。

A：十进制数　　B：二进制数　　C：八进制数　　D：十六进制数

3. 下列算术运算结果正确的是(　　)。

选择题3

A：1110 0011+0011 1010=1110 0011 0011 1010B

B：0011+1010=1021B

C：0000+1111=0000B

D：1010+0010=1100B

4. 将十六进制数 68H,100H,3ADH 转化为十进制数是(　　)。

A:103D,254D,940D

B:104D,256D,940D

C:104D,256D,941D

D:103D,256D,941D

选择题4

5. 假设 int 类型数据占 2 个字节,则 float 类型数据占(　　)个字节。

A:1　　B:2　　C:3　　D:4

6. 下面四个选项中,均为合法整型常量的是(　　)。

A:0X0,0xfff,011

B:0xcdf,0la,0xe

C:－01,980,068

D:0x48a,0Xg,15

选择题6

二、填空题

1. 在 C 语言中,数据类型可分为________、________、________和________四大类。

2. ________值不可再分解为其他类型。

3. ________只能声明函数的返回值类型,不能声明变量。

4. STC8A8K 的 C51 单片机内存为 4KB,这里的 4KB=________字节=________位。

三、问答题

1. 以下 3.12,.123,123.,0.0 哪些是属于合法形式?

问答题1、2

2. 以下 45.3e5,－231.23E12,－0.12e－2,12e2.1 哪些是属于合法形式?

3. 基于单片机开发一个万年历,分别定义变量 a,b,c,e,f,g,h 代表年、月、日、时、分、秒、毫秒。对应变量 a,b,c,e,f,g,h 应该定义为哪些类型比较适合?

第3章　运算符和表达式

数学里面进行运算时通常需要＋，－，×，÷等运算符号进行运算，同样C语言程序进行数据处理也需要各类数据处理算符，需要将数字进行各类运算。C语言中所用的将数字实现某种数学算法的符号，统称为运算符号，简称“运算符”。它包含了加、减、乘、除等，其中有些运算符与数学里面对应数学算法符号可能一致，但有的可能不同，如数学里面的乘、除用的×，÷，而C语言里面的乘、除用的＊，/，具体每种运算符号后面章节会一一介绍。

同样数学里面为了表达某个数学结果，会用到一些数字、单项式、多项式，如班上30个男生每人平均分给2只铅笔，a个女生每人平均分给b只铅笔，一共分出去铅笔为：30×2＋a×b。同样C程序表达这个结果：30＊2＋a＊b。在数学里面将30×2＋a×b叫作代数式，但是在C语言里面我们称为表达式。因此表达式是指将数字或者变量用运算符连接而成的一个有意义的式子。C程序里面表达式主要用于表达某个有意义的量。

3.1　运算符和表达式分类

上述已经介绍了运算符的概念，这里继续介绍运算符的分类及特点。C语言中运算符种类较多，按照功能分为算术运算符、自增自减运算符、条件运算符、位运算符、赋值运算符、复合运算符、关系运算符、逻辑运算符、括号运算符、其他运算符。由不同类型的运算符组成的表达式就是对应的表达式，如由算术运算符组成的表达式就叫作算术表达式。按照表达式类型不同也可以分为算术表达式、自增自减表达式、条件表达式、位运算表达式、赋值表达式、复合表达式、关系表达式、逻辑表达式、强制转换表达式等。运算符的详情如表3.1所示。

运算符与表达式概念

表3.1　运算符详情

优先级	运算符号	结合性	注释
1	＋＋，－－，()，[]，－> .	左到右	自加前置，自减前置，括号，数组，两种结构成员访问
2	!，～，＋＋，－－，＋ －，＊，&（类型），sizeof	右到左	否定，按位取反，自加后置，自减后置，正负号，指针取地址，强制类型转换，求空间大小

续 表

优先级	运算符号	结合性	注 释
3	*, /, %	左到右	乘,除,求余
4	+, −	左到右	加,减
5	<<, >>	左到右	左移,右移
6	<, <=, >=, >	左到右	小于,小于等于,大于等于,大于
7	==, !=	左到右	等于,不等于
8	&	左到右	按位与
9	^	左到右	按位异或
10	|	左到右	按位或
11	&&	左到右	逻辑与
12	||	左到右	逻辑或
13	?:	右到左	条件
14	=, +=, −=, *= /=, &=, |=, %=, ^=, <<=, >>=	右到左	各种赋值
15	,	左到右	逗号

按照参与运算的对象的数量又分为单目运算符、双目运算符、三目运算符。如＋运算符,表示将两个数进行加运算,它进行运算需要 2 个对象的参与,因此是一个双目运算符。下面对常用运算符进行详细介绍,更多运算符与表达式教学视频可扫右边二维码学习。

优先级列表

3.1.1　算术运算符

将运算对象进行常规的加、减、乘、除、求余算术运算的运算符称为算术运算符,运算符号分别为＋,－,*,/,%。

1. 加运算符＋

加运算符＋,是指将需要运算的两个对象进行求和运算,返回计算结果,一般形式为:

```
表达式 1 + 表达式 2;
```

这里的表达式 1,2 可以是数字、变量或字符,字符串不能用该运算符,如 3＋4,－12＋a,'a'＋120。该运算符计算后返回整型或浮点型数据。

2. 减运算符－

减运算符－,是指将需要运算的两个对象进行差运算,返回计算结果,一般形式为:

```
表达式 1 - 表达式 2;
```

这里的表达式 1,2 可以是常量、变量或字符,或者一个表达式,字符串不能用该运算符,如 3－4,－12－a,'a'－120。注意减号与负号有区别,不是同一种运算符号,两者优先级亦不同。该运算符计算后返回整型或浮点型数据。

3. 乘运算符 *

乘运算符 *，是指将需要运算的两个对象进行乘运算，返回计算结果，一般形式为：

```
表达式 1 * 表达式 2 ;
```

一符多用

这里的表达式 1,2 可以是数字、变量或字符，或者一个表达式，字符串不能用该运算符，如 3 * 4，－12 * a，'a' * 120。该运算符计算后返回整型或浮点型数据。注意整型乘以整型为长整型，整型乘以浮点型为浮点型。还需注意乘号与指针运算符属于同一个符号，功能用途不同，详细区别可扫右边二维码学习。

4. 除运算符/

除运算符/，是指将需要运算的两个对象进行除运算，返回计算结果，一般形式为：

```
表达式 1 /表达式 2 ;
```

这里的表达式 1,2 可以是常量、变量或字符，或者一个表达式，字符串不能用该运算符，如 3/4，－12/a，'a'/120。需要特别说明，在 C 语言里面规定，两个整型除以整型为整型(结果整数部分)，作运算的两个数有一个为浮点型，结果为浮点型。如 3/4 结果为 0,12/5 结果为 2,12/5.0 结果为 2.4。如果相除运算的两个数都为整型，而结果想要浮点型，需要作一些算法处理，如 12.0/5,12 * 1.0/5, 12/5.0 等结果均为 2.4。该运算符计算后返回整型或浮点型数据。

5. 求余运算符%

求余运算符%，是指将需要运算的两个对象进行求余运算，返回计算结果，一般形式为：

```
表达式 1 %表达式 2 ;
```

算术运算符

这里的表达式 1,2 可以是整数、变量或字符，或者一个表达式，字符串不能用该运算符，如 3%4，－12%a，'a'%12。该运算符计算后返回整型数据。标准规定，如果 a 和 b 都是整数，则 a % b 可以用公式 a － (a / b) * b 算出，当然一般正整数求余用除法基本运算就可以求得，而带负数的求余运算就可以用以上公式方便求得，例如：－15 % 2 == －15 － (－15 / 2) * 2 == －15 － (－7) * 2 == －1，简记：运算与平常一样，但是符号与第一个算子符号相同。一般在编写硬件电路驱动程序时，负数求余用得极少，读者只需了解。

例3-1

例 3－1　已知 int a=6;，表达式 (a * 5＋2)/5＋0.6 值为________。

分析　首先算出(a * 5＋2)的值 32，32/5 两个数相除取结果的整数部分 6，6＋0.6 结果为 6.6，详细解析视频教学可扫右边二维码学习。

答案

```
6.6
```

例3-2

例 3-2　已知三位数整数 b，用表达式表示 b 的百位数字为______，十位数字为______，个位数字为________。

分析　一般求某个数数码都用/与%运算符来实现，百位为 b/100，十位为 a%100/10，个位为 a%10。

答案

```
b/100,a%100/10,a%10
```

算术运算符在后面芯片驱动使用过程中使用较多，还有更多算术运算符相关经典算法应用，如取一个数的每一位数码，求一个小数的小数部分。

3.1.2　自增自减运算符

自增自减运算符包含有++与--两种，是指变量在运算过程中，进行自行加 1 或减 1 的一种运算方式，返回计算结果，其一般形式如下（这里以++运算符为例，--运算符类似）：

```
++表达式;
表达式++;
```

表达式必须为整数常量或者变量，或者结果为整数的表达式，包括字节型。++叫作自增运算符，表示变量自行增加 1，如 a++，表示变量 a 自加 1，等价于 a=a+1。--叫作自减运算符，表示变量自行减少 1，如 a--，表示变量 a 自减 1，等价于 a=a-1。二者均属于单目运算符。

自增自减运算符

自增自减运算符具有前置运算与后置运算两种，前置运算是指运算符在变量前面，如++a，--a，后置运算是指运算符在变量后面，如 a++，a--。前置运算是指在使用变量时先自加减，再取值，后置运算是指在使用变量时先取值，后自加减。如 a=3，表达式++a+5 的值为(3+1)+5=9。

自增自减运算符及其前置、后置运算在后面芯片驱动使用过程中使用较多，读者需要领悟前置与后置运算基本过程。更多基础讲解及应用请扫描右边二维码学习。

例3-3

例 3-3　int a=10;int b=5;，表达式(a++)+a-(--b)-b=________。

分析　首先算出带括号的(a++)，(--b)。(a++)先取值再计算，(a++)=10，a=11。(--b)先计算再取值，(--b)=4，b=4。原表达式简化为 10+a-4-b，即 10+11-4-4，结果为 13。

答案

```
13
```

3.1.3 赋值运算符

赋值运算符=，与数学里面的等号一样，但是其表达的意义不同，它表示将等号右边的表达式的值赋给左边的变量，运算后返回左边的值，一般形式如下：

```
变量=表达式;
```

这里的表达式可以是变量、常数、表达式等任意类型的值，如 a=10 表示将 10 赋给变量 a，a=b 表示将变量 b 的值赋给变量 a。C 语言里面判断两个数是否相等则采用两个等号==来表达。

赋值运算符

注意连续赋值情况，连续赋值是从右到左依次赋值，返回最左边的值，如 a=b=10，运算过程中，先将 10 赋给 b，b=10，再将 b 的值 10 再赋给变量 a。整个表达式返回最左边 a 的值 10。

例 3-4　分析以下代码，输出结果为________。

=与==区别

```
int a=0,b=10;
printf(" d%,d%", a=b, a);
```

分析　a=b 赋值表达式，从右到左计算，输出最左边变量的值，也就是 a 的值 10，结果为 10，10。

答案

```
10,10
```

3.1.4 位运算符

位运算符主要包含～、&、|、＜＜、＞＞、^几种，主要用于对整数进行位操作，返回整型值。这里整数包括整型数据和字节型数据。

位运算符

1. 取反运算符～

按位取反运算符～，是将一个数进行按每一位取反的操作，返回运算结果，当前位为 0，取反就为 1，当前位为 1，取反就为 0。～为单目运算符，一般形式如下：

```
~表达式;
```

表达式必须是整数常数，或者结果为整数的表达式或变量，如字节型变量 a=0x0f 进行按位取反～a，运算时先将十六进制数 a 转化成二进制数 0000 1111，然后每位按位取反就是 1111 0000，结果转化为十六进制数为 0xf0，计算过程如下：

$$\frac{\sim\quad 0000\ 1111}{1111\ 0000}$$

2. 与运算符 &

按位相与运算符 &，是将两个数进行按每一位相与运算的操作，返回运算结果，一般形式如下：

```
表达式 1& 表达式 2;
```

表达式 1 与表达式 2 必须是整数常数，或者结果为整数的表达式或变量。位与运算对照表如表 3.2 所示，从表可以看出 0 与任何数相与的结果为 0，1 与 1 相与结果为 1。

表 3.2　位与运算对照表

数 A	数 B	相与结果
1	1	1
1	0	0
0	1	0
0	0	0

& 和 & & 区别

如字节型变量 a=0x0f 与 0x11 进行按位相与运算 a&0x11，运算时先将十六进制数 a 转化成二进制数 0000 1111，再将 0x11 转换成二进制数 0001 0001，然后每位按位相与就是 0000 0001，结果转化为十六进制数为 0x01。计算过程如下：

```
   0000 1111
&  0001 0001
------------
   0000 0001
```

3. 或运算符|

按位相或运算符|，是将两个数进行按每一位相或运算的操作，返回运算结果，一般形式如下：

```
表达式 1 | 表达式 2;
```

表达式 1 与表达式 2 必须是整数常数，或者结果为整数的表达式或变量。位或运算对照表如表 3.3 所示。

表 3.3　位或运算对照表

数 A	数 B	相或结果
1	1	1
1	0	1
0	1	1
0	0	0

可以看出，1 与任何数相或都为 1，0 与 0 相或等于 0。如字节型变量 a=0x0f 与 0xf0 进行按位相或 a|0xf0 运算时先将十六进制数 a 转化成二进制数 0000 1111，再将 0xf0 转化成二进制数 1111 0000，然后每位按位相或就是 1111 1111，结果转化为十六进制数为 0xff。计算过程如下：

```
  0000 1111
| 1111 0000
-----------
  1111 1111
```

4. 左移运算符<<

左移运算符<<，是指将一个数进行向左移动运算，右边空出位补零，返回运算结果，一般形式如下：

```
表达式 1 << 表达式 2;
```

表达式 1 与表达式 2 必须是整数常数，或者结果为整数的表达式或变量，如 a<<2 是指将变量 a 向左移动 2 位运算，假设 a 初始值为 0x92，先转化成二进制数 1001 0010，向左移动 2 位，右边补 0 后结果为 0100 1000，再转化为十六进制为 0x48。左移运算符可以理解为在不溢出的情况下的乘法运算，左移 1 位表示放大 2 倍，左移 2 位对应放大 4 倍，左移 n 位对应放大 2^n 倍。计算过程如下：

1001 0010 左移 2 位　[1] [0] | 0 | 1 | 0 | 0 | 1 | 0 | 0 | 0 |

5. 右移运算符>>

右移运算符>>，是指将一个数进行向右移动运算，左边空出位补 0，返回运算结果，一般形式如下：

```
表达式 1>> 表达式 2;
```

表达式 1 与表达式 2 必须是整数常数，或者结果为整数的表达式或变量，如 a>>2 是指将变量 a 向右移动 2 位运算，假设 a 初始值为 0x92，先转化成二进制数 1001 0010 ，向右移动 2 位，左边补 0 后结果为 0010 0100，再转化为十六进制为 0x24。右移运算符可以理解为在不溢出的情况下的除法运算，右移 1 位表示缩小为 1/2，右移 2 位对应缩小为 1/4，右移 n 位对应缩小为 $1/2^n$。计算过程如下：

1001 0010 右移 2 位　| 0 | 0 | 1 | 0 | 0 | 1 | 0 | 0 | [1] [0]

6. 异或运算符^

按位异或运算符^，是指将两个数进行按位异或运算，返回运算结果，一般形式如下：

```
表达式 1^表达式 2;
```

表达式 1 与表达式 2 必须是整数常数，或者结果为整数的表达式或变量，如字节型变量 a=0x0f，与 0x02 进行异或运算为 a^0x02，先将 a 转化成二进制数 0000 1111，再将 0x02 转化为二进制数 0000 0010，按位异或就是 0000 1101，转化为十六进制数为 0x0d。计算过程如下：

```
  0000 1111
^ 0000 0010
-----------
  0000 1101
```

例 3-5　计算表达式～0xf0&0x33 的值。

分析　本表达式中有按位取反、按位相与两种运算，按照优先级计算，～优先级高于 &。～0xf0=～1111 0000=0000 1111，继续进行计算：

```
    0000 1111
&   0011 0011
-------------
    0000 0011
```

答案

0x03

例 3-6　已知某种芯片 8 位寄存器 scon 每位数据对应作用如表 3.4 所示。

表 3.4　寄存器 scon 详解

<table>
<tr><th>位序号</th><th>别称</th><th>功能说明</th></tr>
<tr><td>Bit0</td><td>RI</td><td>接收中断标志位</td></tr>
<tr><td>Bit1</td><td>TI</td><td>发送中断标志位</td></tr>
<tr><td>Bit2</td><td>RB8</td><td>空缺</td></tr>
<tr><td>Bit3</td><td>TB8</td><td>空缺</td></tr>
<tr><td>Bit4</td><td>REN</td><td>串口允许接收位，1 可以接收，0 禁止接收</td></tr>
<tr><td>Bit5</td><td>SM2</td><td>多机通信控制位</td></tr>
<tr><td>Bit6</td><td>SM1</td><td rowspan="2">SM0:SM1
0:0　方式 0，8 位同步移位寄存器功能，波特率为晶振频率/12
0:1　方式 1，10 位 UART，波特率可变
1:0　方式 2，11 位 UART，波特率为晶振频率/64 或晶振频率/32
1:1　方式 3，11 位 UART，波特率可变
例3-6</td></tr>
<tr><td>Bit7</td><td>SM0</td></tr>
</table>

(1)请配置寄存器，只开启串口接收功能。

(2)请利用位运算符配置寄存器使芯片处于工作方式 3，并将接收中断标志位、发送中断标志位清零。

分析　(1) 只需将 Bit4 置 1，不改变其他数据位，scon=scon|0x10。

(2)工作方式 3 显然需要把 Bit6、Bit7 置 1，而中断标志位、发送中断标志位清零就是 Bit0、Bit1 置 0。在配置寄存器时，一般置 1 采用按位相或方式，置 0 采用按位相与方式，也就是 scon=scon&0xfc，scon=scon|0xc0。

答案

```
(1)scon=scon|0x10;
(2)scon=scon&0xfc;scon=scon|0xc0;
```

3.1.5 括号运算符

括号运算符主要包含(),[],{}几种。

括号运算符

()主要用于表达式优先计算,多用于表达式混合运算,将需要优先计算的表达式部分用()括起来即可,如 a+(b−5),可以多次嵌套,嵌套时最内层()优先计算,如,a+(0x0f & (b|0xf0)),优先计算b|0xf0,再进行 & 运算,最后进行+运算。

[]主要是数组角标括号,主要用于数组角标计算,如数组 a[b+1],这里 a 是数组,b+1 是数组角标。

{}主要用于函数体内容或者语句内容概括,如判断语句 if (条件){执行语句}。

表达式中出现多个运算符就涉及运算符的优先级问题。各类运算符的优先级关系如表 3-1 所示。

例3-7

例 3-7　int a=2; char b='e';,表达式 (b−(a+'a')) * a 的值为______。

分析　表达式 (b−(a+'a')) * a 中先计算最里面括号内容(a+'a'),计算时先将字符'a'转化成对应 ASCII 码 97,a=2,代入计算得到 99,再算外层括号内容(b−99),b 值为字符'e',同样 ASCII 码为 101,代入计算 101−99=2,最后计算外面乘法 2 * 2=4。

答案

```
4
```

3.1.6 关系运算符

关系运算符

关系运算符主要有>、<、==、>=、<=、!=几种,主要用于比较两个数的大小关系,返回逻辑型数据。其一般形式为(这里以>符号为例,其他类似):

```
表达式 1>表达式 2;
```

这里的表达式 1、表达式 2 可以是整数、变量或字符,也可以是一个表达式。关系运算符均为双目运算符,C 语言中用 0 表示逻辑假, 0 以外的数表示逻辑真,通常用 1 表示真,大小关系正确,返回 1,否则返回 0,如 3>5,结果为 0。

大于符号>,形式 a>b,表示 a 大于 b。

小于符号<,形式 a<b, 表示 a 小于 b。

等于符号==，形式 a==b，表示 a 等于 b。

大于等于符号>=，形式 a>=b，表示 a 大于或等于 b。

小于等于符号<=，形式 a<=b，表示 a 小于或等于 b。

不等于符号！=，形式 a！=b，表示 a 不等于 b。

=与==区别

例 3-8　关系表达式 0x56>=86 的值为________。

分析　0x56 为十六进制数，86 为十进制数，不好直接比较，因此先将 0x56 转化为十进制：$0x56=5\times16^1+6\times16^0=86$，因此结果为真，返回 1。

答案

1

例 3-9　以下代码的输出结果为________。

```
char c='k';
int i=1, j=2, k=3;
float x=3e+5, y=0.85;
int result_1 = 'a'+5<c, result_2 = x-5.25<=x+y;
printf( "%d, %d\n", result_1, -i-2*j>=k+1 );
printf( "%d, %d\n", 1<j<5, result_2 );
printf( "%d, %d\n", i+j+k==-2*j, k==j==i+5 );
```

分析　前面 3 句定义变量及赋初值，第 4 句定义整型变量 result_1，result_2 并赋初值，初值为表达式结果，'a'+5<c 包含+，<运算，优先计算+，'a'+5 等价于'f'，且'f'<'k'，因此 a'+5<c 结果为真，返回 1，result_1 等于 1。同样 result_2 等于 1。第 5 句中表达式-i-2*j>=k+1 化简为-1-2*2>=3+1，结果为假，因此第 5 句十进制输出两个数 1，0 。再计算第 6 行，第 6 行中表达式 1<j<5 并不是数学里面连续判断的意思，这里是两个关系运算符，从左到右进行计算，先判断 1<j 为真，结果为 1，再判断 1<5，结果为真，因此 1<j<5 整体值为 1，因此接着输出十进制整数为 1，1。第 7 行，表达式 i+j+k==-2*j 中有混合运算，优先级依次为-（负号），*，+，==，化简后为 1+2+3==-6，结果为假 0，最后表达式 k==j==i+5中优先计算+，再计算两个==，即 k==j==6，接着从左到右，k==j 为假，返回 0，即 0==6，为假，返回 0，因此输出 0，0。

例3-9

答案

1，0

1，1

0，0

3.1.7 逻辑运算符

逻辑运算符

逻辑运算符主要有 &&,||,! 三种,主要用于逻辑值或者逻辑表达式运算,结果为逻辑型数据。&& 与||为双目运算符,! 为单目运算符。注意运算时,0 表示逻辑假,0 以外的其他数都为真。

1. 逻辑与运算符 &&

逻辑与运算符 &&,将两个逻辑值或者逻辑表达式相与运算,返回运算逻辑值,一般形式如下:

```
表达式 1&& 表达式 2;
```

表达式 1 与表达式 2 必须是逻辑常数,或者结果为逻辑值的表达式或变量。逻辑与运算对照表如表 3.5 所示,从表中可以看出,计算结果与位与 & 计算结果一致。

&&的实现电路

表 3.5 逻辑与运算对照表

逻辑数 A	逻辑数 B	相与结果
1	1	1
1	0	0
0	1	0
0	0	0

2. 逻辑或运算符||

||的实现电路

逻辑或运算符||,将两个逻辑值或者逻辑表达式相或运算,返回运算逻辑值,一般形式如下:

```
表达式 1||表达式 2;
```

表达式 1 与表达式 2 必须是逻辑常数,或者结果为逻辑值的表达式或变量,逻辑或运算对照表如表 3.6 所示,从表中可以看出,计算结果与位或|计算结果一致。

表 3.6 逻辑或运算对照表

逻辑数 A	逻辑数 B	相或结果
1	1	1
1	0	1
0	1	1
0	0	0

~与! 区别

3. 逻辑非运算符!

逻辑非运算符!,将计算的逻辑值或者逻辑表达表结果进行取反,返回运算逻辑值,一般形式如下:

```
! 表达式;
```

表达式必须是逻辑常数，或者结果为逻辑值的表达式或变量，如 ! 0==1，! 1==0。注意其与按位取反运算符～的区别在于，! 针对逻辑值，而～针对整数。

! 的实现电路

例 3-10　int a=2;int b=3;，表达式 a+b==4 的值为________。

分析　表达式中有+，==两种运算，优先计算+，a+b 结果为 5，5==4 结果为假，因此值为 0。

答案

```
0
```

例 3-11　以下代码的输出结果为________。

```
int a = 0, b = 10, c = -6;
int result_1 = a&&b, result_2 = c||0;
printf("%d, %d\n", result_1, ! c);
printf("%d, %d\n", 9&&0, result_2);
printf("%d, %d\n", b||100, 0&&0);
```

分析　这段代码主要是给出一些初始值，计算表达式结果，再通过 printf 函数输出。首先计算第二行结果，a 为假，因此 a&&b 整体为假，result_1=0，c||0 取决于 c，C 语言中规定逻辑值假用 0 表示，用非 0 数字表示逻辑值真，因此 result_2=1。第三行中，按照十进制输出的两个整数，第一个为 0，第二个! c 结果为 0，因此第三行输出 0，0。第四行，9&&0 结果为假，因此输出 0，1。第五行，b||100 逻辑或运算，结果为真，0&&0 逻辑与结果为假，因此输出 1，0。

例3-11

答案

```
0,0
0,1
1,0
```

3.1.8　复合运算符

复合运算符

将赋值运算与其他运算复合而成的新的运算符称为复合运算符，包括+=，-=，*=，/=，%=，&=，|=，^=，<<=，>>=等，如+=表示加运算与赋值运算复合而成。复合运算符均为双目运算符，一般形式为（这

里以+=为例,其他类似):

变量+=表达式;

表达式可以是任意常数,也可以是一个表达式或者变量,如 a+=b,表示的意思就是 a=a+b,也就是 a 与 b 先求和,再将结果赋值给 a。具体介绍如表 3.7 所示。

表 3.7 复合运算符功能对照表

类 别	读 法	一般形式	等价于
+=	加等于	a+=b	a=a+b
-=	减等于	a-=b	a=a-b
*=	乘等于	a*=b	a=a*b
/=	除等于	a/=b	a=a/b
%=	余等于	a%=b	a=a%b
&=	与等于	a&=b	a=a&b
|=	或等于	a|=b	a=a|b
^=	异或等于	a^=b	a=a^b
<<=	左移等于	a<<=b	a=a<<b
>>=	右移等于	a>>=b	a=a>>b

提示:

或等于|=,可用于寄存器位置 1。如 TCON=0x23;,TCON|=0xf0;表示高四位置 1,不改变低四位值。

与等于 &=,可用于寄存器位置 0。如 IE=0x23;,IE&=0xf0;表示低四位置 0,高四位不变。

左移等于<<=,可用于数字乘法。如 a=0x08;,a<<=2;表示放大 4 倍,即 a×4。

右移等于>>=,可用于数字除法。如 a=0x,8;,a>>=2;表示缩小为原来的 1/4,即a÷4。

注意:>>与>,>>=与>=,<<与<,<<=与<=区分。

例 3-12 int a=10,b=24; a+=10;b/=5;,表达式 a%b 的值为______。

分析 a+=10,等价于 a=a+10,a=20。b/=5,等价于 b=b/5,b=24/5,此处注意除法中整数除以整除,取整数部分,所以 b=4, a%b 为 20%4,余数为 0。

例3-12

答案

0

3.1.9 条件运算符

条件运算符?:,由问号和冒号构成,可用于条件判断并输出对应结果,一般形式:

```
表达式 1 ? 表达式 2:表达式 3;
```

这里表达式 1,2,3 可以是常数,可以是一个表达式,也可以是一个变量,运算方法是首先判断表达式 1 的值,如果表达式 1 的值为真(注意:表达式 1=0 表示假,其他均表示真),返回表达式 2 的值,否则返回表达式 3 的值。该运算符在电子专业当中使用频率较高,属于三目运算符。

例 3－13　int a=10; int b=2;,表达式 (a－b) ? a ++:－－ b 的值为________。

分析　表达式 (a－b) ? a++:－－ b 为混合运算,先算括号内的内容,化简为 8? a++:－－b,化简后的表达式还有三个运算符混合运算,按照优先级先计算自加自减运算符,化简后为 8? 10:1 ,因此结果为 10。

答案

```
10
```

例 3－14　int b=4;,int c=2;,表达式(c＊2>4)? b:(b++/5)的值为________。

分析　表达式 (c＊2>4)? b:(b++/5)为混合运算,先算括号内的内容,最后进行条件运算,有 2 个括号,从左到右依次进行。c＊2>4 中优先计算＊,结果为假 0。b++/5 中++后置,先取值,再自加,得 4/5,取整数部分为 0。条件运算符判断条件为假,输出最后一项的值,因此为 0。

答案

```
0
```

3.1.10　数据类型转换

在 C 语言中,数据类型有很多,如 int、char、long、float、double 等,程序运行过程中,通常需要将不同类型数据进行混合运算。对于这种情况,C 语言中先将两个数转换成同一类型,再进行计算。C 语言中数据类型转换分为隐式类型转换和显式类型转换。

隐式类型转换又称为自行类型转换,在表达式中的不同类型数据运算时,会自动将长度较短的数据转换为长度较长数据类型后,两者再进行计算。如整型数据与字节型数据相加,1000+'a', 'a'就会先自动转换为整型 97,再进行计算,得到整型结果 1097。同样 float 类型数据与 double 类型数据进行运算时,会将 float 类型先自动转换为 double 类型再进行计算。int 与 long 同理。

进行赋值运算时,右边数据类型需要最终转换成左边数据类型,如果右边数据长度不够,会自动扩展数据空间,如果右边数据太长,会将右边数据进行取低截断。

显式类型转换又叫作强制类型转换，是一种采用强制运算符将一种类型数据转换为另一种类型数据的运算，这种运算在运算过程中可能会造成数据精度降低。强制类型转换符号为小括号()，使用格式如下：

```
(数据类型) a
```

其中 a 可以是常数、变量或表达式。

强制类型转换

使用时，如果将浮点型转换为整型，即 (int)float，会将浮点型小数部分自动舍去，只剩下整数部分。如果将整型转换为浮点型，即 (float)int，转换时只是在整型数据后面加上相应小数点及若干个 0。如果将整型转换为字符型，即 (char)int，转换时，取整数的低 8 位，其他多余的部分丢掉。如果将字符型转换为整型，即 (int)char，转换时，将高字节置 0，低 8 位为该字节数据(不同编译软件可能会对该字节的正负进行不同处理)，int 与 long 转换，如果是(int)long，会将 long 低 16 位赋值给 int，高位丢掉，如果是(long)int，转换后数值大小不变，只是所占空间变大。

例 3 - 15 float c=2.54;，用相关表达式表达出变量 c 的小数部分为________。

分析 要求浮点型变量 c 的小数部分，可以求出整除部分，再用原数减去整数部分来求解，而求一个浮点型变量整数部分可以用强制类型转换(int)c 来实现。

答案

```
c-(int) c
```

例 3 - 16 已知单精度浮点型变量 c，用相关表达式表达出变量 c 四舍五入后的整数为________。

分析 要求浮点型变量 c 的四舍五入数据整数，用 if 判断语句容易实现。本题要求用表达式实现，可以将浮点型变量 c 加上 0.5，再取整数部分就实现了 。

答案

```
(int)(c+0.5)
```

3.1.11 其他运算符

其他运算符指除去前面常用的运算符之外的运算符，包括，、& 、* 、-> 、.、[]等。

逗号运算符，，用于将几个数或表达式隔开，计算方法是从左到右依次计算，最后一项作为整个表达式的返回结果，如 int a=10，b=20，逗号表达式(123，a++，b--，a+b)从左到右依次计算后为(123，10，20，11+19)，整个表达式返回最后一项结果为 30。

地址运算符 &，该运算符除了前面讲的用于两数按位相与运算外，还可以作为取变量地址的运算符，返回整型数据，用法为将变量置于其后，是单目运算符，如 &a 表示取变量 a 的地址。

指针符号 *，该符号除了前面讲过的用于表示乘法运算符号外，还可以用于表示指针符号，如 *p，其具体使用见后面相关章节。

->与. 两个运算符主要是用于表示结构体成员。

[]为数组角标符号。

3.2 习　　题

一、选择题

1. char a='3', b=3;，a+b=(　　)。

A:'6'　　B:"33"　　C:6　　D:51

2. float a=3.14;，a-(int)a=(　　)。

A:0.14　　B:3　　C:3.14　　D:0

3. 4/5 与(float)4/5 结果分别为(　　)。

A:0.8,0.8　　B:0,0　　C:0,0.8　　D:0.8,0

4. char a=5,b=10;，下列表达式结果为 10 的是(　　)。

A:(b-a)/2　　B:((b+a)/3)<<1

C:(a|b)&0x0c　　D:(a&b)|(a|b)

5. 逻辑型变量 a=真，b=假，下列结果为真的是(　　)。

A:!(a&&b)　　B:!(a||b)　　C:(!a)&&b　　D:(!a)||b

6. a=2;b=3;a=b+4;，a=(　　)。

A:2　　B:3　　C:4　　D:7

7. a=1;b=a++;c=b++;，a,b,c 分别等于(　　)。

A:2,3,3　　B:3,2,1　　C:1,1,1　　D:1,2,3

8. a=9;b=5;，(a++)+(--b)运行后，a,b 值为(　　)。

A:9,5　　B:10,4　　C:10,5　　D:9,4

9. 逻辑型变量 a=真，b=假，下列逻辑表达式结果为假的是(　　)。

A:(!a)&&b　　B:a&&(!b)||a　　C:(a||b)&&a　　D:!(a&&b)

10. a=6;b=5;，下列关系表达式结果为真的是(　　)。

A:(a<b)&&(a>b--)　　B:(a<b++)||(a==b)

C:!((a&b)==a)　　D:((a|b)>=a)&&(a++<b)

11. 以下不是逻辑运算符的是(　　)。

A:||　　B:&&　　C:|　　D:!

12. char a=7;，a&0x00=(　　)。

A:7　　B:248　　C:0　　D:255

13. char a=0x0f;，a>>1=(　　)。

A:0x0f　　B:0xff　　C:0x0e　　D:0x07

14. char a=0x0f;,a<<4=(　　)。

A:0x0f　　　　B:0xff　　　　C:0x0eD:0xf0

15. 已知 4 位正整数的变量 a,以不下能够准输出 a 的十位数字的是(　　)。

A:a%10000/10　　　　B:a%1000/10%10

C:a%100/10　　　　D:a/10%10

二、填空题

1. (float)2/4=________,(float)(2/4)=________。

2. char a=0x03,b=0x30,表达式(a+b)-(a|b)=________。

3. a=2;a=a * a/5;a=________。

4. a=10 ;b=20; (--b)-(b--)=________。

5. 逻辑型变量 a=1,b=0,a&&b 结果为________。

6. 逻辑型变量 a=真,b=假,(! a)&&(! b)||a 结果是________。

7. ! 0 结果为________。

8. char a=0x0f,~a=________。

9. 已知毫秒级的定时器 T1,初始值为 100,停止时未溢出,值为 t1(t1<10000),则耗时________秒________毫秒。

三、操作题

1. 编写函数实现判断一个整数能否被 5 整除。

2. 判断字符型数据 a 的奇偶性(推荐用位运算)。

3. 将一个 16 位数的高、低 8 位分别拆成两个 8 位数。

4. 已知某 8 位单片机定时器寄存器 TMOD 的 D0~D7 数据位中,D4,D5 位代表功能如图 3.1 所示(D4 对应 M0,D5 对应 M1)。

M1	M0	工作模式
0	0	方式0，13位计数/计时器
0	1	方式,1，16位计数/计时器
1	0	方式2，8位自动加载计数/计时器
1	1	方式3，仅适用于T0，定时器0分为两个独立的8位定时器/计数器TH0及TL0，T1在方式3时停止工作

操作题4

图 3.1　单片机定时器寄存器 TMOD 的 D4,D5 位代表功能

根据以上信息,将定时器工作方式配置为方式 2。

5. 一个单片机中 8 位二进制寄存器 a=xxxx xxxx,编程将内容分别修改为 a=xxxx x1xx,a=xxxx x0xx。

第 4 章　C 语言程序结构

在 C 程序设计中算法的种类很多，为了提高算法的质量，本章介绍顺序、选择和循环 3 种基本结构。任何一种算法都可由这 3 种基本结构组成，这 3 种基本结构之间可以并列，可以相互包含，但不允许交叉，不允许从一个结构直接转到另一个结构的内部去。因此，只要规定好 3 种基本结构的流程图的画法，就可以画出任何算法的流程图。

4.1　顺序结构

4.1.1　流程图

程序流程图

流程图是一种传统的算法表示法，它用一些图框来代表各种不同性质的操作，用流程线来指示算法的执行方向。由于它直观形象，易于理解，所以应用广泛。特别是在计算机语言发展的早期阶段，只有通过流程图才能简明地表述算法。

图 4.1 所示为一些常见的流程图符号，其中：起止框用来标识算法的开始和结束；判断框用于对一个给定的条件进行判断，根据条件成立与否来决定如何执行后续操作；连接点用于将画在不同地方的流程线连接起来。下面通过一个实例来介绍这些图框应如何使用。

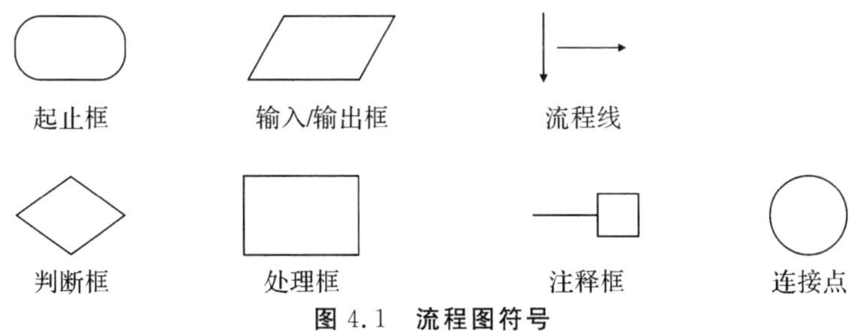

图 4.1　流程图符号

4.1.2 顺序结构程序设计

顺序结构是简单的线性结构，在顺序结构的程序中，各操作是按照它们出现的先后顺序执行的，如图4.2所示。

顺序结构程序设计

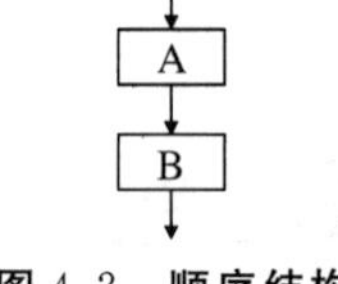

图4.2 顺序结构

图4.2中的A和B处理框内，可以是单独的一条语句，也可以是语句块。在C语言中，语句就是能够独立完成一个简单功能的基本构成单位。程序是由一条条的语句组成的，每一条语句完成一个基本的功能。最基础的不可再分的C语言语句被称为简单语句。例如，“x = 3;”就是一条简单语句。

简单语句

C语言中常见的简单语句有4种：表达式语句、空语句、控制语句和函数调用语句。先介绍表达式语句和空语句。其他的语句形式和作用将在讲解完相应的知识点之后再作介绍。

1. 表达式语句

表达式语句就是在表达式后面加分号构成的语句，形式如下：

```
表达式;
```

像这样的表示，就构成了一条表达式语句，可以在程序中完成一定的功能。例如，下面就是3条表达式语句：

```
x = 1;
10/5;
~2;
```

该程序中，第一条语句是赋值表达式语句，它完成的功能就是把1赋值给变量x。第二条语句是除法运算表达式语句，它完成10除以5的运算。第三条语句是按位取反表达式语句，它计算2按位取反的结果。

2. 空语句

空语句在C语言中很少用到，它的作用就是什么都不干，让计算机空转，它的主要目的就和我们军训的时候原地踏步是一样的，是为了暂时等待其他的事情先完成。

空语句的形式为一个简单的“;”：

```
;
```

一个单独的分号就是告诉计算机，先等一等，在此暂留一步，然后再往下执行其他的语句。

3. 语句块

C语言中的语句块是由一对大括号和其中包含的若干条语句组成的，形式如下：

```
{
  语句 1;
  语句 2;
  ……
  语句 n;
}
```

若要写一个包含几个表达式语句和空语句的语句块，就可以用下面的形式：

```
{
  x = 1;
  ;
  10/5;
  ~2;
}
```

语句块

这是一个语句块的例子，其中包含 4 条已经了解的语句，从上到下依次为赋值表达式语句、空语句、除法运算表达式语句和按位取反表达式语句。

例 4-1　编写程序计算圆的面积。

例4-1

分析　在本实例中，定义单精度浮点型变量，为其赋值为圆周率的值。得到用户输入的数据并进行计算，最后将计算的结果输出。

答案　参考程序如下：

```
#include<stdio.h>
int main()
{
  float Pie=3.14f;                          /*定义圆周率*/

  float fArea;                              /*定义变量,表示圆的面积*/
  float fRadius;                            /*定义变量,表示圆的半径*/

  puts("Enter the radius:");                /*输出提示信息*/
  scanf("%f".&fRadius);                     /*输入圆的半径*/
  fArea=fRadius*fRadius*Pie;                /*计算圆的面积*/
  printf("The Area is:%.2f\n",fArea);       /*输出计算的结果*/
  return 0;                                 /*程序结束*/
}
```

程序说明：

(1)定义单精度浮点型变量 Pie 表示圆周率(在常量 3.14 后加上 f 表示为单精度类型)，

变量 fArea 表示圆的面积，变量 fRadius 表示圆的半径。

(2)根据 puts 函数输出的程序提示信息，使用 scanf 函数输入半径的数据，将输入的数据保存在变量 fRadius 中。

(3)圆的面积=圆的半径的二次方×圆周率。将变量放入该公式中计算圆的面积，最后使用 printf 函数将结果输出。在 printf 函数中可以看到“%.2f”格式关键字，其中的“.2”表示取小数点后的两位。

运行程序，结果如下：

```
Enter the radius:
```

输入

```
10.2
```

输出

```
The Area is:326.69
```

例 4-2　编写程序将大写字符转换成小写字符。

例4-2

分析　本实例要将输入的大写字符转换成小写字符。要解决这个问题，就需要对C语言中的 ASCII 码有所了解。将大写字符转换成小写字符的方法就是将大写字符的 ASCII 码转换成小写字符的 ASCII 码。

答案　参考程序如下：

```
#include<stdio.h>

int main()
{
    char cBig;                                  /*定义字符变量,表示大写字符*/
    char cSmall;                                /*定义字符变量,表示小写字符*/

    puts("Please enter capital character:");    /*输出提示信息*/
    cBig=getchar();                             /*得到用户输入的大写字符*/
    puts("Minuscule character is:");            /*输出提示信息*/
    cSmall=cBig+32;                             /*将大写字符转换成小写字符*/
    printf("%c\n",cSmall);                      /*输出小写字符*/
    return 0;                                   /*程序结束*/
}
```

程序说明：

(1)为了将大写字符转换为小写字符，要为其定义变量并进行保存。cBig 表示要输入的大写字符变量，而 cSmall 表示要转换成的小写字符变量。

(2)通过信息提示，用户输入字符。因为只要得到一个输入的字符即可，所以在此处使用 getchar 函数就可以满足程序的要求。

(3)大写字符与小写字符的 ASCII 码值相差 32。例如，字符 A 的 ASCII 码值为 65，a 的 ASCII 码值为 97。因此要将一个大写字符转换成小写字符，将大写字符的 ASCII 码值加上 32 即可。

(4)字符变量 cSmall 得到转换的小写字符后，利用 printf 格式输出函数将字符输出，其中使用的格式字符为“%c”。

运行程序，结果如下：

```
Please enter capital character:
```

```
S
```

输出

```
Minuscule character is:s
```

4.2　选择结构

选择结构也称为分支结构，如图 4.3 所示。

选择结构中必须包含一个判断框。图 4.3(a)所代表的含义是根据给定的条件 P 进行判断，如果条件成立则执行 A 框，否则什么也不做。图 4.3(b)所代表的含义是根据给定的条件 P 是否成立选择执行 A 框还是 B 框。

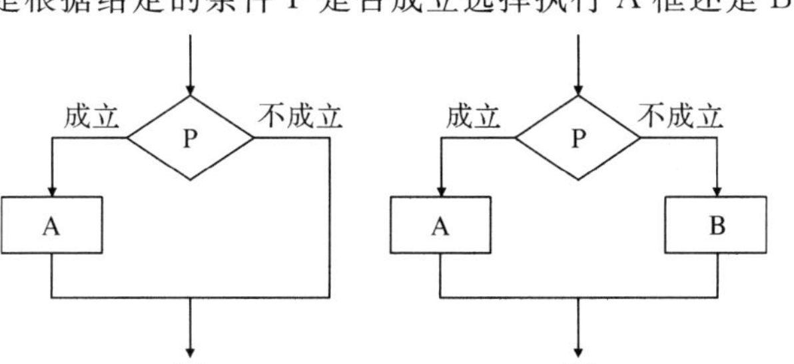

图 4.3　选择结构

(a) 选择结构 1；(b) 选择结构 2

例 4-3　输入一个数，判断该数是否为偶数，并给出相应提示，画出程序流程图。

分析　本实例的流程图可以采用选择结构来实现。

答案 流程图如图 4.4 所示。

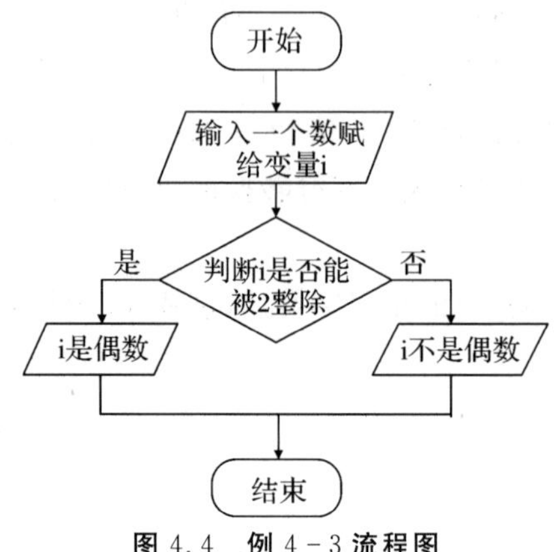

图 4.4 例 4-3 流程图

4.2.1 if 语句

if 语句又叫条件语句,它是通过判别条件是否成立,来决定程序的流程(在可能执行的两个流程中选择执行其中的一个)。

if 语句的一般格式:

```
if(表达式)          {语句组 1}
[else               {语句组 2}]
```

说明:

(1)表达式可以为关系表达式、逻辑表达式或数值表达式。

(2)方括号内的部分为可选内容。

(3)语句组可以是简单语句,也可以是复合语句,还可以是另外一个 if 语句等。

例如:

```
int num;
scanf ("%d", &num);
if (num==1)
    printf ("you input is 1\n") ;
else
    printf ("you input is another\n") ;
```

上面的代码表示:如果 num=1,输出 you input is 1;如果 num≠1,输出 you input is another。

这是最基本的选择语句。if 或者 else 条件后面只有一条语句时,花括号可加可不加,不加的话记得缩进,为了美观和规范,一般加上。

1. 单分支 if 语句

单分支 if 语句缺省 else 子句,书写格式如下:

```
if(表达式)
{语句}
```

单分支if语句

其语义是：如果表达式的值为真，则执行其后的语句，否则不执行该语句，直接执行下一条语句(语法中的语句可以是语句组)。

说明：

(1)表达式通常是一个关系表达式或逻辑表达式，当然也可以是一个逻辑量。

(2)语句可以是一条语句，也可以是多条语句(语句组)，当只有一条语句时，花括号可以省略。

单分支 if 语句的执行流程如图 4.5 所示。

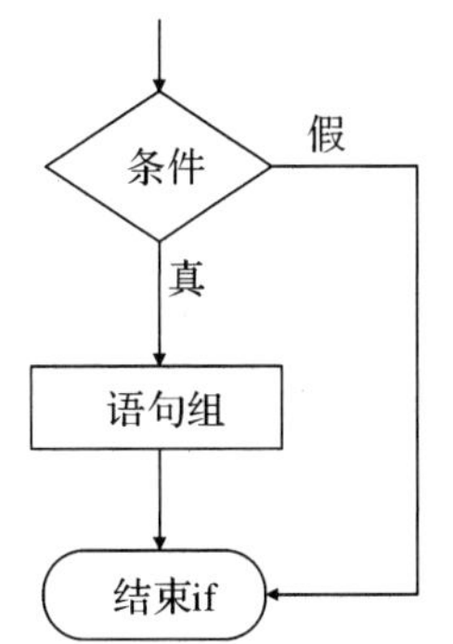

图 4.5　单分支 if 语句流程图

例如：

```
if(x>y)
    printf("max=%d",x);
```

例 4－4　编写程序判断输入字符是否为小写，如为小写，显示在屏幕上。

分析　流程图如图 4.6 所示。

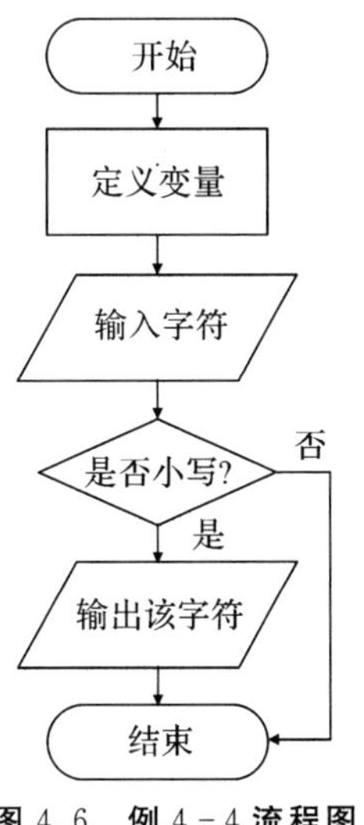

图 4.6　例 4－4 流程图

答案　参考程序如下：

```
#include "stdio.h"
main( )
{
    char c;
    c=getchar();
    if(c>='a'&&c<='z')
        printf("\n%c\n",c);
}
```

例 4-5　编写程序计算函数值 $y=|x|+1$（不使用绝对值函数）。

分析　首先从键盘上输入数据 x，然后对 x 进行判断。当 x 小于 0 时，让 x=－x，之后做 y=x＋1操作，最后输出 y，因此可用单分支 if 语句实现。

流程图如图 4.7 所示。

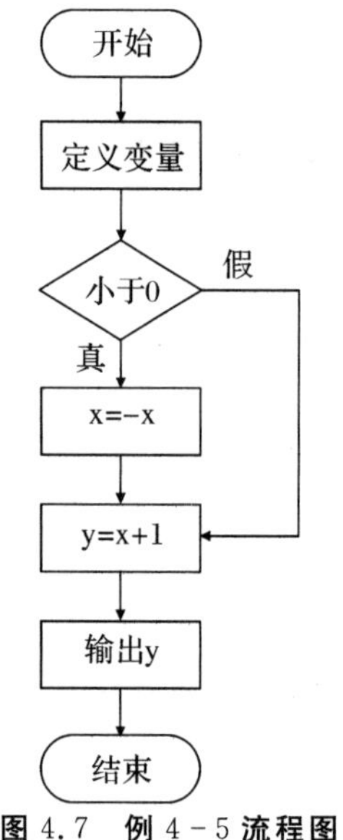

图 4.7　例 4-5 流程图

答案　参考程序如下：

```
#include<stdio.h>
main()
{
   float  x,y;
   scanf("%f",&x);
   if(x<0)
   x=-x;
   y=x+1;
   printf("y=%f\n",y);
}
```

程序运行示例如下：

```
-9
```

输出

```
y=10.000000
```

输入

```
9
```

输出

```
y=10.000000
```

例 4-6　编写程序实现比较两个整数 a，b 的大小，当 a≥b 时，输出两数之和，当 a<b 时，输出 100。

分析　根据题目要求，需设置第 3 变量 c，初值为 100，当 a≥b 时，将 a 和 b 之和赋予 c，之后作输出 c 的操作即可，因此可用单分支 if 语句实现。

流程图如图 4.8 所示。

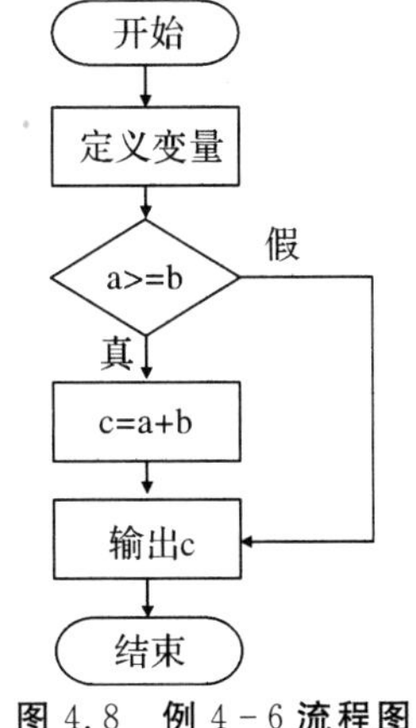

图 4.8　例 4-6 流程图

答案　参考程序如下：

```
#include<stdio.h>
main()
{
  int  a,b,c=100;
  scanf("%d %d",&a, &b);
  if(a>=b)
  c=a+b;
  printf("c=%d\n",c);
}
```

程序运行时：输入3,4，程序输出100；输入4,3，程序输出7；输入4,4，程序输出8。

2. 双分支if语句

双分支if语句指定了else子句，书写格式如下：

```
if(表达式)
        {语句1}
else
        {语句2}
```

其语义是：如果表达式的值为真，则执行语句1，否则执行语句2。双分支选择是在语句1、语句2中选择其中一个分支语句执行，而跳过另一个分支语句。

双分支if语句

格式说明：

(1)语句1和语句2可以是一条语句，也可以多条语句，当只有一条语句时花括号可以省略。

(2)else后没有表达式。

双分支if语句的执行流程如图4.9所示。

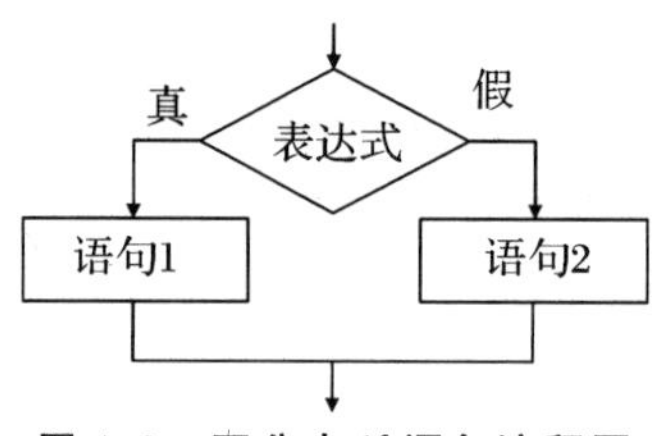

图4.9　双分支if语句流程图

例如：

```
if(x>y)  printf("max=%d",x);
else        printf("max=%d",y);
```

例4-7　输入两个整数a和b，比较两个数的大小，输出大数。

例4-7

分析　本题的判断条件只有两种情况，a大于或等于b，输出a的值，a小于b，输出b的值。明显可以看出是2选1，因此使用双分支if语句实现。流程图如图4.10所示。

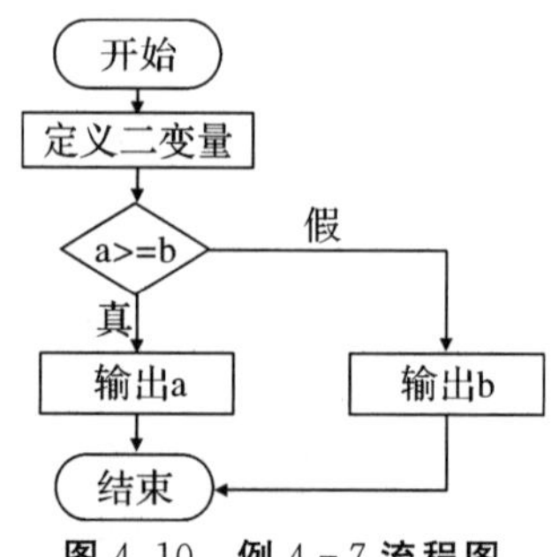

图4.10　例4-7流程图

答案　参考程序如下：

```
#include<stdio.h>
main()
{
    int a,b;
    scanf("%d %d",&a,&b);
    if(a>=b)     printf("%d",a);
    else         printf("%d",b);
}
```

输入

```
-9 8
```

输出

```
8
```

例 4-8　用户输入重量，程序输出是否超重的信息。

分析　本题的判断条件只有两种情况，输入值大于预定值，输出超重信息，输入值小于或等于预定值，输出未超重信息（本例预定值设为 100），因此使用双分支 if 语句实现。流程图如图 4.11 所示。

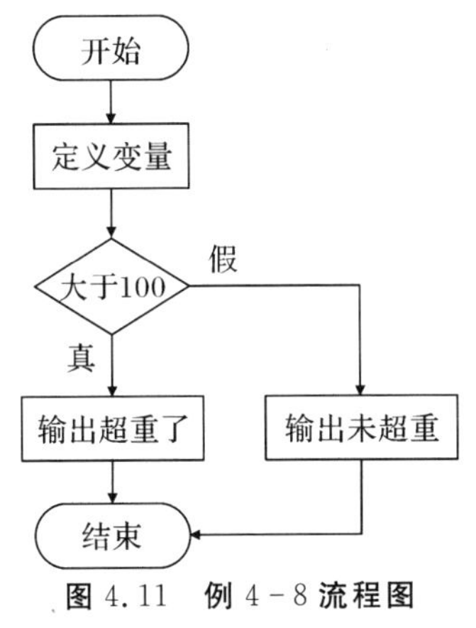

图 4.11　例 4-8 流程图

答案　参考程序如下：

```
#include<stdio.h>
main()
{
    float weight;
    scanf("%f",&weight);
    if(weight>100)        printf("%f 超重了\n",weight);
    else                  printf("%f 未超重\n",weight);
}
```

程序运行示例如下：

输入
```
110
```

输出
```
110.000000 超重了
```

输入
```
85
```

输出
```
85.000000 未超重
```

使用双分支 if 语句时，应注意以下事项：

(1)双分支 if 语句中的 else 子句可以省略，没有 else 子句就是简单的 if 语句。

(2)else 子句不是独立的一个语句，它只是 if 语句的一部分，须与 if 配对使用。

(3)若 if 子句或 else 子句只有一条语句时，"{}"可以省略，包含多条语句时，必须用"{}"括起来。

(4)C 程序没有行的概念，因此双分支 if 语句可以写在一行，也可以分多行书写。

(5)在使用双分支 if 语句时，除了在语句位置处加分号之外，其余的诸如 if(表达式)后和 else 后是不允许加分号的。

(6)书写程序时，为了提高程序的可读性，if 和 else 要对齐，而子句均向右缩进。

3. 多分支 if 语句

多分支 if 语句书写格式如下：

```
if (表达式 1)          语句 1;
else   if(表达式 2)    语句 2;
else   if(表达式 3)    语句 3;
           ……
else   if(表达式 m)    语句 m;
else   语句 n;
```

多分支if语句

其语义是：依次判断表达式的值，当出现某个值为真时，则执行其对应的语句，然后跳到整个 if 语句之外继续执行程序。如果所有的表达式的值均为假，则执行语句 n，然后继续执行后续程序。

格式说明：

(1)if (表达式)中的"表达式"一般为逻辑表达式或关系表达式，也允许是其他类型的数据。例如：

```
if(a==b && x==y)  printf("a=b,x=y");
if(3)  printf("O.K.");
if(3.5)  printf("%f", 3.5);
if('a')  printf("%d", 'a');
```

(2)“语句 1”“语句 2”等可以是简单语句，也可以是复合语句。复合语句须在其第一条语句前用“{”开头，在最后一条语句后以“}”结尾。例如：

```
if(a+b>c && b+c>a && c+a>b)
{
    s=0.5*(a+b+c);
    area=sqrt(s*(s-a)*(s-b)*(s-c));
    printf("area=%8.2f",area);
}
else
    printf ("所输入的三边长不能构成三角形");
```

多分支 if 语句的执行流程如图 4.12 所示。

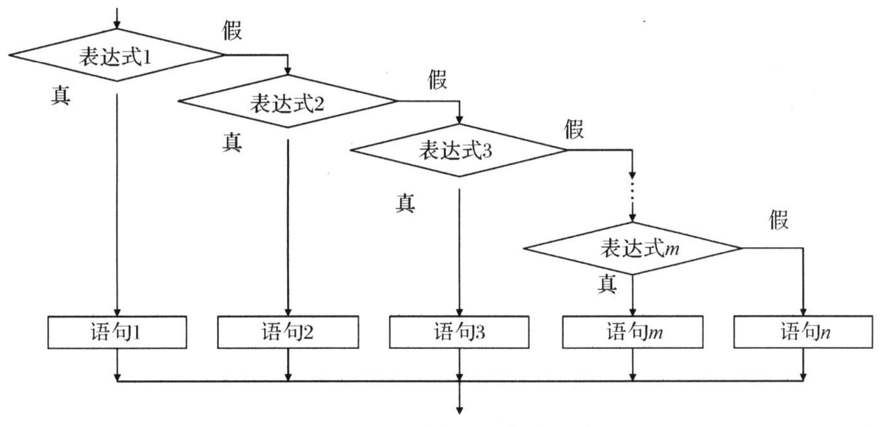

图 4.12　多分支 if 语句流程图

例 4-9　从键盘输入姓名，语文、数学两科成绩，计算平均成绩，并根据平均成绩评定等级“优秀”(90 分及以上)、“良好”(80～89 分)、“一般”(60～79 分)、“不及格”(0～59 分)。

分析　可以看出，本题需要进行多次判断，即判断平均成绩是否大于或等于 90，如果为假，则需判断是否大于或等于 80，如果为假，则需继续判断是否大于或等于 60，因此本题使用多分支 if 语句实现。

流程图如图 4.13 所示。

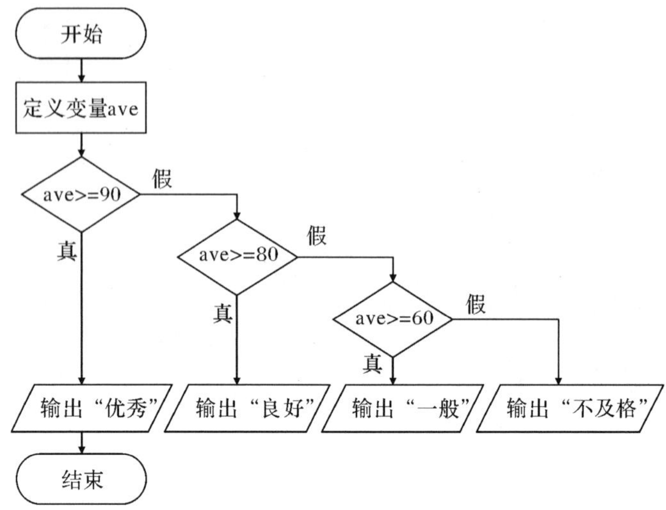

图 4.13 例 4－9 程序流程图

答案 参考程序如下：

```
    #include <stdio.h>
    main()
{
    float total,ave,Chinese,math;
    printf("\n 请输入学生姓名 ");           scanf("%s");
    printf("\n 请输入语文成绩 ");           scanf("%f", &Chinese);
    printf("\n 请输入数学成绩  ");          scanf("%f", &math);
    ave=(Chinese+math)/2;
    printf("\n 等级:");
    if (ave>=90)           printf(" 优秀\n");
    else if (ave>=80)      printf(" 良好\n");
    else if (ave>=60 )     printf(" 一般\n");
    else                   printf("不及格\n");
}
```

程序运行示例如下：

```
请输入学生姓名  张三
请输入语文成绩  84
请输入数学成绩  73
等级:一般
```

例 4－10 某商场为了答谢顾客，在节日里优惠促销，具体内容如下：购买商品的总金额小于 100 元没有优惠；大于 100 元小于或等于 200 元时，超出 100 元部分 9 折优惠；大于 200 元小于或等于 500 元时，超过 200 元部分 8 折优惠；大于 500 元时，超过 500 元部分 7 折优惠。编程计算顾客得到的优惠。

分析　明显可以看出，本题使用多分支 if 语句实现，流程图如图 4.14 所示。

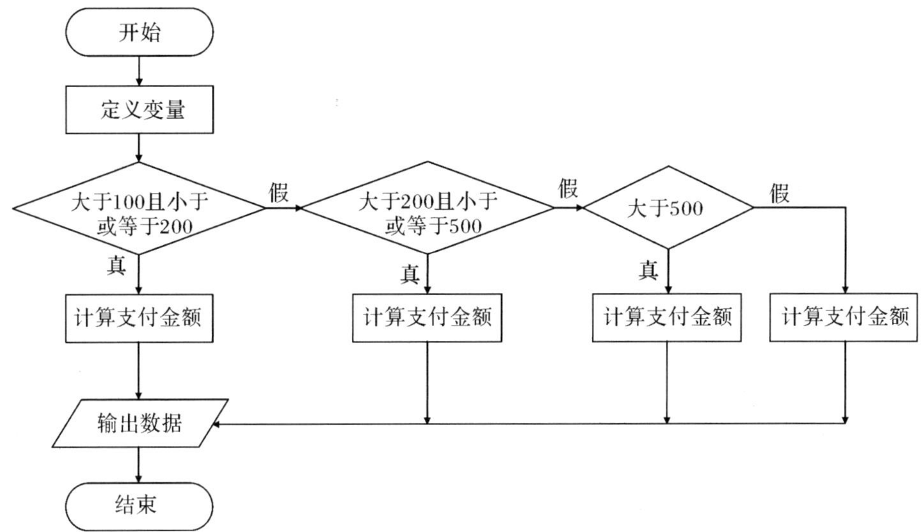

图 4.14　例 4-10 程序流程图

答案　参考程序：

```
#include <stdio.h>
main()
{
    float amountmoney,charge;
    printf("输入商品的总额：");
    scanf("%f",&amountmoney);
    if (amountmoney<=200&& amountmoney>100)
        charge=100+(amountmoney-100)*0.9;
    else if(amountmoney<=500&& amountmoney>200)
        charge=100+(200-100)*0.9+(amountmoney-200)*0.8;
    else if (amountmoney>500)
        charge=100+(200-100)*0.9+(500-200)*0.8+(amountmoney -500)*0.7;
    else charge=amountmoney;
    printf("顾客支付金额:%-20.2f\n",charge);
    printf("顾客节省金额:%-20.2f\n",amountmoney-charge);
}
```

程序运行示例如下：

```
输入商品的总额:680
顾客支付金额:556.00
顾客节省金额:124.00
```

4. if语句的嵌套

所谓if语句的嵌套是指if语句中包含另一个if语句。

if语句的嵌套的一般形式：

```
if(表达式 1)
    if(表达式 2 )   语句组 1        /＊内嵌 if 语句＊/
    else           语句组 2
else
    if(表达式 3 )   语句组 3        /＊内嵌 if 语句＊/
    else           语句组 4
```

if语句的嵌套与嵌套匹配原则：

(1)为明确匹配关系，避免if与else配对错位的最佳办法是将内嵌的if语句，一律用花括号括起来。

(2)为了便于阅读，使用适当的缩进。

如图4.15所示，两组循环的嵌套因加入花括号后，所表示的含义不同。

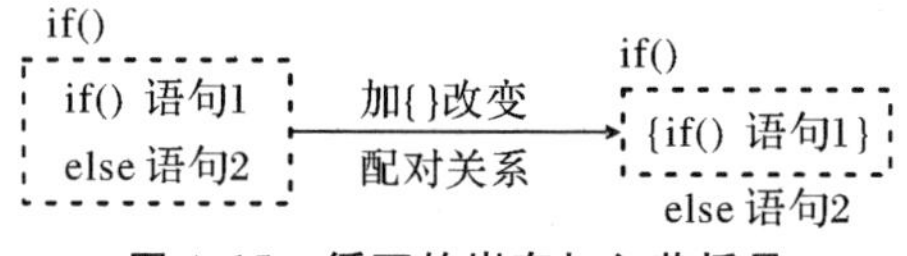

图4.15　循环的嵌套加入花括号

例4－11　对学生成绩评等级，90分及以上为优，80分及以上为良，60分及以上为及格，小于60分为不及格(假定是百分制0～100，共分三个等级)。

分析　可以看出，本题可使用多种if嵌套语句实现，这里采用if语句的基本嵌套形式来实现，流程图如图4.16所示。

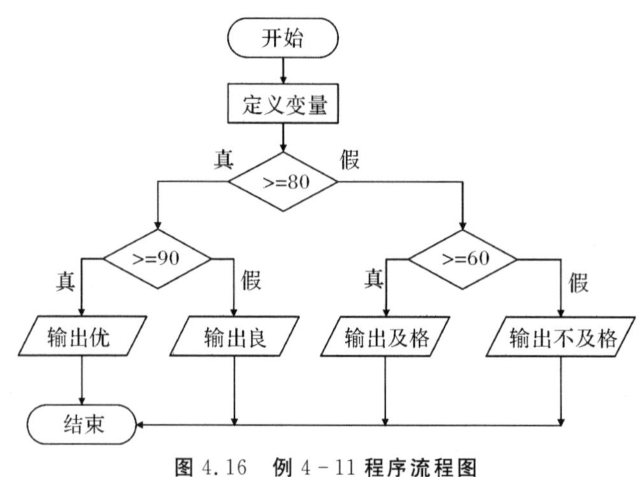

图4.16　例4－11程序流程图

答案　参考程序：

```
#include <stdio.h>
main()
{
    int x;
    scanf("%d",&x);
    if(x>=80)
      if(x>=90)          printf("成绩:优\n");
      else               printf("成绩:良\n");
    else
      if(x>=60)          printf("成绩:及格\n");
      else               printf("成绩:不及格\n");
}
```

程序运行示例如下：

输入

```
76
```

输出

```
成绩:合格
```

例4-12　数学上有如下分段函数，该函数自变量不允许取正数：

$$y=\begin{cases}x^2+1 & (x<-10)\\ 3x+3 & (-5\leqslant x<0)\end{cases}$$

编写程序，让用户从键盘上输入整数 x 的值，然后程序输出 y 的值。

分析　可以看出，本题可使用多种 if 嵌套语句实现，这里我们采用 if 语句的基本嵌套形式来实现，流程图如图4.17所示。

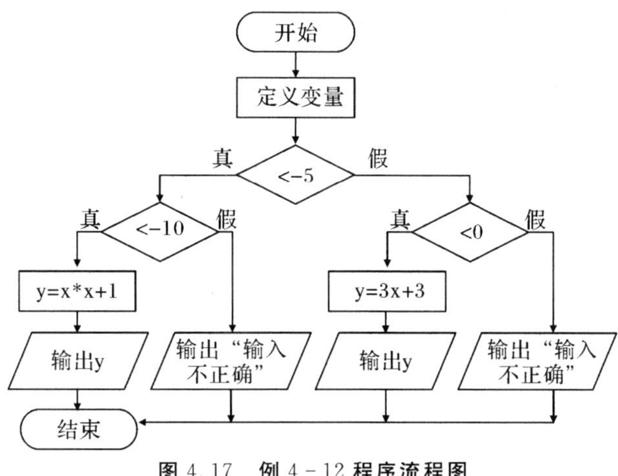

图4.17　例4-12程序流程图

答案 参考程序：

```
#include <stdio.h>
main()
{
    int x,y;
    printf("请输入自变量 x 的值:");
    scanf("%d",&x);
    if(x<-5)
      if(x<-10)
          {y=x*x+1;       printf("函数值为:%d\n",y);}
      else       printf("输入不正确\n");
    else
      if(x<0)
          {y=3*x+3;       printf("函数值为:%d\n",y);}
      else       printf("输入不正确\n");
}
```

程序运行示例如下：

```
请输入自变量 x 的值:-12
函数值为:145
请输入自变量 x 的值:-3
函数值为:-6
请输入自变量 x 的值:8
输入不正确
```

4.2.2 switch 语句

C 语言提供了 switch 语句直接处理多个分支的选择结构。

1. switch 语句的一般格式

```
switch(表达式)
      {case     常量表达式 1:  语句(组)1;    break;
       case     常量表达式 2:  语句(组)2;    break;
        ......
      case     常量表达式 n:  语句(组)n;    break;
      default:语句(组)n+1;                  break;
      }
```

2. switch 语句的功能

switch语句的一般格式

(1)当 switch 后面“表达式”的值与某个 case 后面的“常量表达式”的值相同时，就执行该 case 后面的语句(组)；当执行到 break 语句时，则跳出 switch 语句，转向执行 switch 语句的下一条语句。

(2)如果没有任何一个 case 后面的“常量表达式”的值与 switch 后面

“表达式”的值相同，则执行 default 后面的语句(组)。然后，跳出 switch 语句，执行 switch 语句的下一条语句。

例如：

```
switch(ch)
{
    case 'A':  printf("85~100\n");  break;
    case 'B':  printf("70~84\n");   break;
    case 'C':  printf("60~69\n");   break;
    case 'D':  printf("<60\n");     break;
    default:   printf("error\n");   break;
}
```

对应的程序流程图如图 4.18 所示。

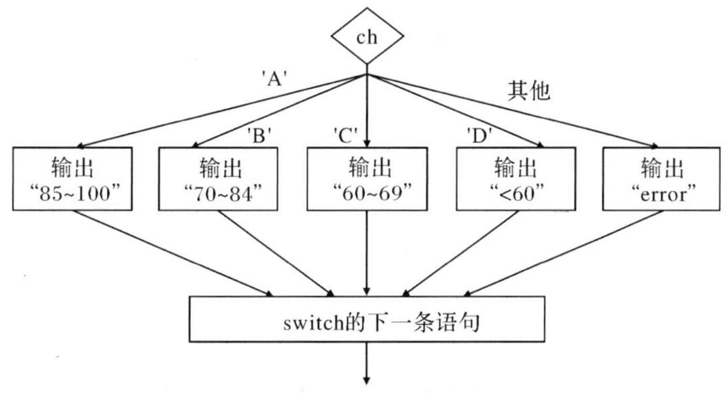

图 4.18　switch 语句流程图

例 4-13　用户输入 month 的值(1～12 月份)，程序输出该月份属于哪个季度。

分析　可以看出，本题可使用 switch 语句来实现，流程图如图 4.19 所示。

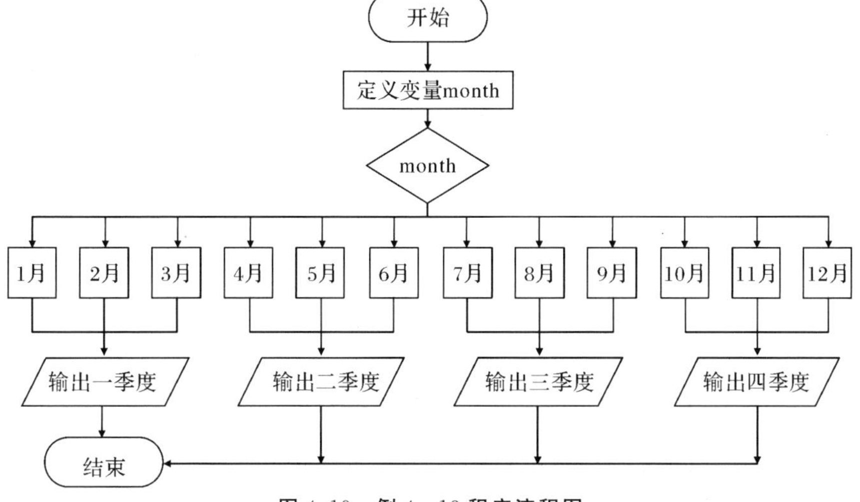

图 4.19　例 4-13 程序流程图

答案　参考程序：

```
#include<stdio.h>
main(){
    unsigned short month;
    scanf("%u",&month);
    switch(month) {
        case 12:
    case 11:
        case 10:
            printf("%d 月属于四季度",month);
            break;
        case 1:
        case 2:
        case 3:
            printf("%d 月属于一季度",month);
            break;
        case 6:
    case 5:
        case 4:
            printf("%d 月属于二季度",month);
            break;
        case 7:
        case 8:
        case 9:
            printf("%d 月属于三季度",month);
            break;
default :       printf("%d 不是合理的月份",month);
    }
}
```

程序运行示例如下：

输入

```
6
```

输出

```
6 月属于二季度
```

3. switch 语句的说明

(1)switch 后面的“表达式”和 case 后面的“常量表达式” 可以是整型、字符型和枚举型中的任意一种，程序执行时将自动计算其值。

(2)为了避免程序执行时出现自相矛盾的现象，对 switch 后面的“表达式”的值只能有一种执行方案，因此，每个 case 后面“常量表达式”的值必须各不相同。

(3)case 后的语句中 break 语句不能缺。

case 后面的“常量表达式”仅起语句标号作用,并不进行条件判断。系统一旦找到入口标号,就从此标号开始执行,不再进行标号判断,所以在每个 case 的语句(组)后面必须加上 break 语句,以便结束 switch 语句。

(4)当每一个 case 语句后均有 break 语句时,各 case 语句出现的先后次序不影响执行结果。

default 语句总是放在所有的 case 语句后面,它后面不需要写 break 语句。

(5)多个 case 子句,可共用同一语句(组)。

例如:

```
switch(ch)
{
   case 'A':
   case 'B':
   case 'C':   printf(">60\n");    break;
}
```

在变量 ch 的值为 A,B,C 三种情况下,均执行相同的语句组“printf(">60\n"); break;”。

(6)用 switch 语句实现的多分支结构程序,完全可以用 if 语句或 if 语句的嵌套来实现。

例 4-14　编写判断中奖号码的程序。用户输入一个号码,程序输出号码是否中奖。要求如下:

(1)如果输入 59,316,875,程序输出这是一等奖的号码。

(2)如果输入 27,209,596,程序输出这是二等奖的号码。

(3)如果输入 9,12,131,程序输出这是三等奖的号码。

分析　流程图如图 4.20 所示。

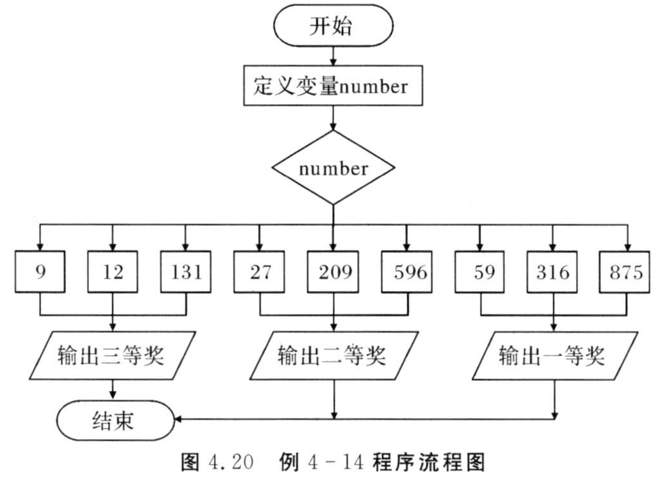

图 4.20　例 4-14 程序流程图

答案 参考程序：

```
#include <stdio.h>
main() {
    int number;
    printf("输入号码:");
    scanf("%d",&number);
switch(number) {
        case 9 :  case 12 :  case 131:  printf("%d是三等奖\n",number); break;
        case 27:  case 209:  case 596:  printf("%d是二等奖\n",number); break;
        case 59:  case 316:  case 875 : printf("%d是一等奖\n",number); break;
        default:  printf("%d未中奖\n",number);
    }
}
```

程序运行示例如下：

输入

```
316
```

输出

```
316是一等奖
```

4.3 循环结构

在循环结构中，反复地执行一系列操作，直到条件不成立时才终止循环。按照判断条件出现的位置，可将循环结构分为当型循环结构和直到型循环结构。

循环结构

当型循环如图 4.21(a)所示。当型循环是先判断条件 P 是否成立，如果成立，则执行 A；执行完 A 后，再判断条件 P 是否成立，如果成立，接着再执行 A，如此反复，直到条件 P 不成立为止，此时不执行 A，跳出循环。

直到型循环如图 4.21(b)所示。直到型循环是先执行 A，然后判断条件 P 是否成立，如果条件 P 成立，则再执行 A；然后判断条件 P 是否成立，如果成立，接着再执行 A，如此反复，直到条件 P 不成立，此时不执行 A，跳出循环。

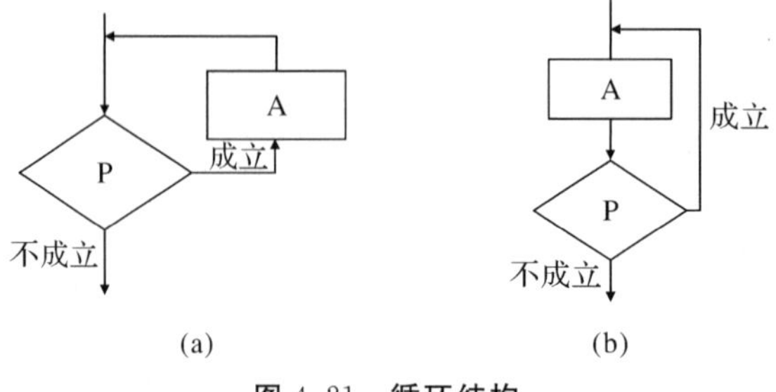

图 4.21 循环结构

(a)当型循环；(b)直到型循环

4.3.1 while 语句

while 语句又叫"当型"循环语句，它是一个条件循环语句。当满足循环条件时，反复执行循环体中的语句序列；当不满足循环条件时，结束循环。

while 语句的流程图如图 4.22 所示。

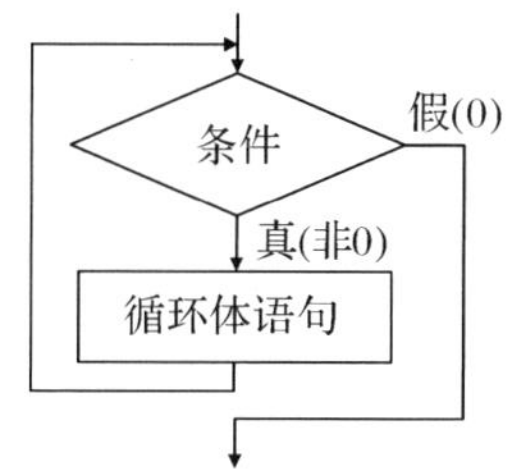

图 4.22 while 语句流程图

当条件判断为真(非 0 值)时，执行 while 语句中的循环体语句，然后再次判断条件，结果为非 0 值，就再次执行循环体语句，如此反复，直到条件判断为假时，结束循环，执行 while 语句的下一条语句。

如果首次判断循环条件就不满足，则循环体语句一次也不执行。

while 语句的一般格式：

```
while(条件表达式)
{
循环体语句
}
```

其中，条件表达式是一个关系表达式或逻辑表达式，或者布尔变量，其值可能是真(非0)或假(0)。

例如：

```
main()
{
  int i=1;
  while(i<=5)
  {
       printf("%d",i);
       i++;
    }
}
```

程序运行结果如下：

输出

```
12345
```

while 语句使用的注意事项：

(1)循环体可以是一条语句，也可以是多条语句；当循环体是一条语句时，花括号可以省略，当循环体包含了两条或以上的语句时，花括号不能省略。

(2)在while循环的循环体中要有使循环条件向假的方向发展的一条语句,否则会陷入死循环。

例4-15

例 4-15　求 1+2+3+4+5。

答案　参考程序：

```
main()
{
  int s=0, i=1;      /* 定义循环变量、累加变量,赋初值 */
  while(i<=5)          /* 循环条件 */
    {
      s=s+i;           /* 循环体只要一条累加语句 */
      i++;               /* 循环变量依次改变 */
    }
  printf("s=%d\n",s);     /* 输出结果 */
}
```

程序运行结果如下：

输出

```
s=15
```

例4-16

例 4-16　求 7!。

答案　参考程序：

```
main()
{
  int f=1, i=1;    /* 定义循环变量、累乘变量,赋初值 */
  while(i<=7)    /* 循环条件 */
    {
      f=f*i;         /* 循环体只要一条累乘语句 */
      i++;               /* 累乘变量依次改变 */
    }
  printf("f=%d\n",f);      /* 输出结果 */
}
```

程序运行结果如下：

输出

```
f=5040
```

4.3.2　do-while 语句

do-while 语句又叫“直到型”循环语句，它同样是一个条件循环语句。do-while 语句的流程图如图 4.23 所示。

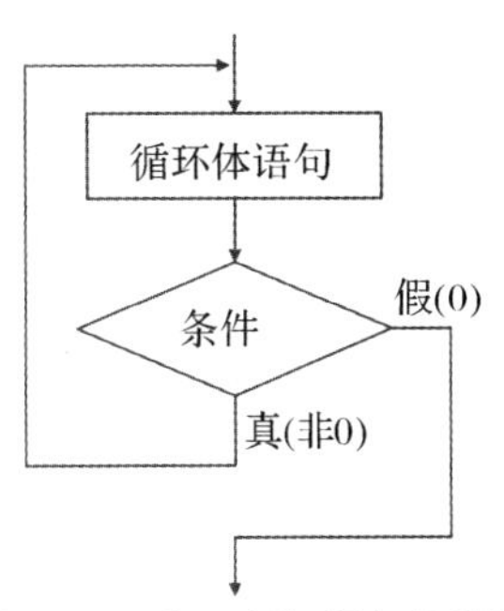

图 4.23　do-while 语句流程图

do-while语句

先执行一次循环体，然后再判断是否进行下一次循环，若条件判断结果为真，则再次执行循环体语句，如此反复，直到条件判断结果为假时，结束循环，执行 do-while 语句的下一条语句。

do-while 语句的一般格式：

```
do
{
  循环体语句
}while(条件表达式)；
```

其中，条件表达式是一个关系表达式或逻辑表达式，或者布尔变量，其值可能是真(非0)或假(0)。

例 4－17　写出以下程序的运行结果。

```
main()
{
  int i=1;
  do
  {
    printf("%d",i);
    i++;
  } while(i<=5);
}
```

答案

```
12345
```

do-while 语句使用的注意事项：

(1)在 if 语句、while 语句中，表达式后面都不能加分号，而在 do-while 语句的表达式后面则必须加分号。

(2)当 do 和 while 之间的循环体只有一条语句时,{}可以省略。若有多条语句,则必须用{}括起来,组成一个复合语句。

例4-18

例 4-18　求 $i+(i+1)+(i+2)+\cdots+100$ 的值,其中 $i\leqslant 100$。

答案　参考程序:

```
main()
{
  int sum=0, i;          /* 定义累加变量、循环变量 */
scanf("%d",&i);    /* 输入 i 的值 */
  do{
        sum=sum+i;      /* 循环变量累加语句 */
        i++;            /* 循环变量依次改变 */
  } while(i<=100);       /* 循环条件 */
  printf("sum=%d\n",sum);      /* 输出结果 */
}
```

程序运行示例如下:

输入

```
1
```

输出

```
sum=5050
```

输入

```
101
```

输出

```
sum=101
```

可以看到,当输入 i 的值小于或等于 100 时,得到的结果是正确的。而当 i>100 时,结果就不正确了,因为条件不满足,应该不执行循环体。而 do-while 语句,它是先执行循环体,再判断循环条件,因此,即使条件不满足时,依然会执行一次。所以如果要先判断条件,后执行循环体,应该采用 while 语句。

while 语句与 do-while 语句的区别:

while语句与do-while语句的区别

(1)当条件表达式的结果为真时,两者完全等价,即 while 结构可以换成 do-while 结构。

(2)当 while 和 do-while 循环第一次判断的条件就为假时,两种循环的结果不同,二者不能互换。

(3)在 while 语句中,条件表达式后面不能加分号,而在 do-while 语句的条件表达式后面则必须加分号。

4.3.3　for 语句

for语句

for 语句在循环控制结构中使用最为灵活,不仅可以用于循环次数已经确定的情况,也可用于循环次数虽不确定,但给出了循环继续条件的情况,它可以完全替代 while 语句,也是使用得最多的一种循环语句。

for 语句的一般格式:

```
for (表达式 1;表达式 2;表达式 3)
    {循环体 }
```

for 语句中的表达式 1 通常用来为循环变量赋初值。表达式 2 是循环控制条件,若表达式 2 的值为真,则执行循环体一次,否则跳出循环。表达式 3 是执行循环体后要执行的部分,通常用来改变循环变量的值,使循环逐渐趋于终止。这三个表达式之间用分号隔开。

循环体可以是一条简单的语句,也可以是一个复合语句,当只有一条语句时,花括号可以省略,当循环体包含了两条或两条以上的语句时,花括号不能省略。

for 语句的流程图如图 4.24 所示。

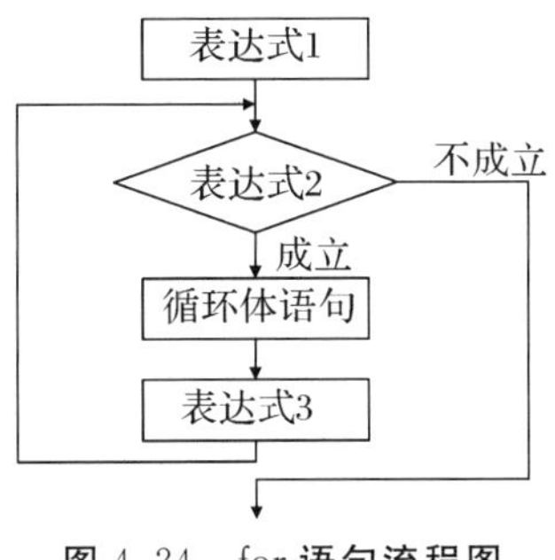

图 4.24　for 语句流程图

例如:

```
for(i=1; i<=5; i++)
  {  printf("%d",i);  }
```

程序运行结果为:

```
12345
```

对于 for 语句的一般形式,也可以改为 while 循环的形式:

```
int 表达式 1;
while(表达式 2)
{
    循环体语句;
    表达式 3;
}
```

for 循环的执行流程,完全符合“当型”循环控制结构的特点。

for 语句的特殊用法：

(1)for 语句中的“表达式 1”可省略。“表达式 1”省略后应在 for 语句前面设置循环初始条件，但是其后的分号不能省略。如 for(；i<=10；i++)，但是不能表示为 for(i<=10；i++)。

(2)表达式 1 可以是由多个表达式构成的逗号表达式，如 for(s=0，i=1；i<=10；i++)。

(3)for 语句中的“表达式 2”可省略，相当于循环条件始终为“真”，循环将无终止地进行下去，陷入死循环。

(4)for 语句中的“表达式 3”可省略，但程序必须在循环体语句中设置循环变量增值，来修改循环条件，以确保循环能正常结束。

(5)表达式 1 和表达式 3 可以都省略，相当于 while 循环。

(6)for 语句中的“循环体”可省略，但在 for 语句后面至少保留一个分号，相当于一条空语句。

例 4-19 计算下式的值：

$$1-\frac{1}{2}+\frac{1}{3}-\frac{1}{4}+\frac{1}{5}-\cdots+\frac{1}{99}-\frac{1}{100}$$

答案 参考程序：

```
main()
{
    int i;                                  //定义循环变量
    double sum=0;                           //要定义为 double 类型
    for(i=1;i<=99;i=i+2)                    //计算符号为“+”的奇数项之和
        sum=sum+1.0/i;                      //1.0/i 不能写成 1/i，前者是实除，后者是整除
    for(i=2;i<=100;i=i+2)                   //计算符号为“-”的偶数项之和
    sum=sum-1.0/i;
printf("sum=%f\n",sum);
}
```

程序运行结果如下：

输出

```
sum=0.688172
```

例 4-20 用 for 循环语句打印输出所有的水仙花数。

分析 水仙花数是指一个 3 位数，它的每个位上的数字的 3 次方之和等于它本身。例如 153 是“水仙花数”，因为 $153=1^3+5^3+3^3$。

答案　参考程序：

```
main()
{
    int n;                                    //存放整数变量
    int a,b,c;                                //存放 i 的个、十、百位上数字
    printf("水仙花数有:\n ");
    for( n=100; n<=999; n++ )                 //水仙花数的取值范围
    {
        a=n%10;                               //个位
        b=n/10%10;                            //十位
        c=n/100;                              //百位
        if(n==a*a*a+b*b*b+c*c*c)              //各位上的数字的 3 次方和是否与原数 n 相等
            printf("%d=%d^3+%d^3+%d^3\n",n,a,b,c);
    }
}
```

程序运行结果如下：

输出

```
水仙花数有:
153=3^3+5^3+1^3
370=0^3+7^3+3^3
371=1^3+7^3+3^3
407=7^3+0^3+4^3
```

例4-21

例 4-21　韩信点兵，总人数不足 1000 人，每 3 人一列余 1 人，5 人一列余 2 人，7 人一列余 4 人，13 人一列余 6 人，请计算出具体有多少个士兵。

分析　将问题的所有可能的答案一一列举，然后根据条件判断此答案是否合适，合适就保留，不合适就丢弃，这就是穷举法。本题中可以直接在 1～1000 的人数中通过穷举法，排查符合条件的情况得到最后的结果。

答案　参考程序：

```
main()
{
    int i;
    for( i=1; i<1000; i++ )          //穷举法排查所有人数的可能性
    {
        if(i%3==1&&i%5==2&&i%7==4&&i%13==6)       //判断条件
        printf("%d\n",i);
    }
}
```

程序运行结果如下：

输出

```
487
```

4.3.4 循环语句嵌套

在一个循环体语句内又包含另一个完整的循环结构的形式，称为循环的嵌套。嵌套在循环体内的循环语句称为内循环，外部的循环语句称为外循环。内循环中还可以嵌套循环，形成多重循环。

for 语句、while 语句、do-while 语句这三种循环语句可以相互嵌套，自由组合，构成多重循环，如图 4.25 所示。

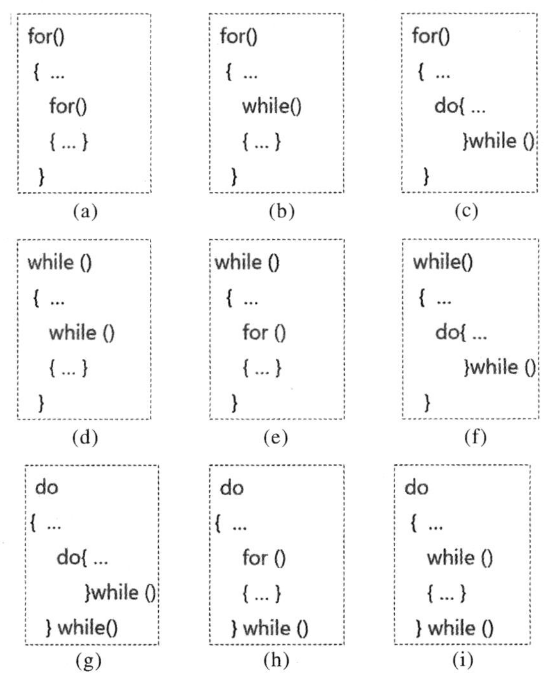

图 4.25　循环嵌套结构

(a)for-for 嵌套；(b) for-while 嵌套；(c)for-do while 嵌套；(d)while-while 嵌套；(e) while-for 嵌套；(f)while-do while 嵌套；(g)do while-do while 嵌套；(h)do while-for 嵌套；(i)do while-while 嵌套

循环嵌套的工作原理是：首先，外循环的第一轮触发内循环，然后内循环将一直执行到完成为止；然后，外循环的第二轮再次触发内循环，此过程不断重复，直至外循环结束。

例 4-22　输出九九乘法表。

分析　九九乘法表中共有 9 行 9 列，所以定义两个控制变量 i 和 j，其中 i 表示乘数，使其从 1 递增到 9；j 表示被乘数，从 1 递增到 9；用外层循环实现行的转换，内层循环输出一行中的内容，而内层循环的循环体是输出每行中的某一项。可以用不同的循环嵌套来实现。

答案　while 语句嵌套参考程序：

```
main()
{
  int i=1,j;
  while(i<=9)     //控制输出 9 行
  {  j=1;
    while(j<=i)     //控制输出每行中的每一个表达式
    {
        printf("%d * %d=%-3d",j,i,i * j);     //输出第 i 行第 j 个式子
        j++;
    }
    printf("\n");     //完成输出一行,换行
    i++;
    }
}
```

程序运行结果如下：

输出

```
1*1=1
1*2=2  2*2=4
1*3=3  2*3=6  3*3=9
1*4=4  2*4=8  3*4=12  4*4=16
1*5=5  2*5=10  3*5=15  4*5=20  5*5=25
1*6=6  2*6=12  3*6=18  4*6=24  5*6=30  6*6=36
1*7=7  2*7=14  3*7=21  4*7=28  5*7=35  6*7=42  7*7=49
1*8=8  2*8=16  3*8=24  4*8=32  5*8=40  6*8=48  7*8=56  8*8 =64
1*9 =9  2*9=18  3*9=27  4*9=36  5*9=45  6*9=54  7*9=63  8*9=72  9*9 =81
```

do-while 语句嵌套参考程序：

```
main()
{
    int i=1,j;
    do       //控制输出 9 行
    {  j=1;
      do       //控制输出每行中的每一个表达式
        {
          printf("%d * %d=%-3d",j,i,i * j);     //输出第 i 行第 j 个式子
          j++;
      } while(j<=i);
      printf("\n");              //完成输出一行,换行
      i++;
    } while(i<=9);
}
```

for 语句嵌套参考程序：

```
main()
{
    int i,j;
    for(i=1; i<=9; i++)                  //控制输出9行
    {
      for(j=1; j<=i; j++)                //控制输出每行中的每一个表达式
        printf("%d*%d=%-3d",j,i,i*j);     //输出第i行第j个式子
      printf("\n");          //完成输出一行,换行
    }
}
```

4.3.5 goto 语句

goto 语句被称为无条件转移语句。它提供了程序在函数内部的无条件跳转,它从 goto 语句跳转到同一函数内部的某个位置的一个标号语句处。

goto 语句的一般形式如下:

goto 标号;

标号:语句

goto语句

标号用标识符表示,它的命名规则与变量名相同,即由字母、数字和下画线组成,第一个字符必须是字母或下画线,不能用整数来做标号。例如:

```
goto  label_1;        //是合法的
goto  123;            //是不合法的
```

goto 语句的常见用法:

(1)用来与 if 语句构成循环结构;

(2)用来从多层循环最内层依次退到最外层。

例 4-23 求 1+2+3+…+100 的值。

答案 参考程序:

```
main()
{  int i=1, sum=0;
    loop:if(i<=100)          /*loop是标号不是变量,不需要定义*/
    {  sum=sum+i;
      i++;
      goto loop;              /*通过返回到loop标号处构成循环*/
    }
    printf("%d",sum);
}
```

程序运行结果如下：

输出

```
5050
```

在 C 语言程序中，尽量少用 goto 语句，因为它会破坏程序的结构化，影响可读性，会造成严重的流程混乱。

4.3.6　continue 语句

continue 语句被称为继续语句，只能用于循环语句中。在循环体中遇到 continue 语句时，程序将跳过 continue 语句后面尚未执行的语句，接着执行下一次的循环条件判断。

continue 语句的一般形式如下：

```
while()
{ …
    if()
    {
    continue;
  }
…
}
```

continue 语句可用于 while、do-while 和 for 循环语句中。

例 4－24　把 0～100 之间不能被 3 整除的数输出。

```
main()
{
    int n;
    for(n=0;n<=100;n++)
    {  if(n%3==0)          /* 如果能被 3 整除 */
             continue;      /* 结束本次循环 */
       printf("%5d",n);  /* 格式 5d 表示输出值占 5 个字符宽度 */
    }
}
```

程序运行结果如下：

输出

```
 1   2   4   5   2   8  10  11  13  14  16  12  19  20  22
25  26  28  29  31  32  34  35  37  38  40  41  43  44  46
49  50  52  53  55  56  58  59  61  62  64  65  62  68  70
73  74  76  77  79  80  82  83  85  86  88  89  91  92  94
97  98 100
```

注意：continue 语句只能结束本次循环，而不是终止整个循环的执行。

例 4-25　编写程序，把一个班级的同学分成几个小组，并且确定一个组长。

例4-25

分析　用户录入班级总人数以及每个小组的人数，把所有同学按学号顺序分成几个小组，每组挑出学号最大的同学作为组长。

答案　参考程序：

```
main()
{
    int x,y;                    /* x,y 分别是总人数和小组人数 */
    int i=1, number;            /* i,number 分别是组别和学号 */
    printf("请输入班级总人数以及每个小组的人数:\n");
    scanf("%d %d",&x,&y);
    printf("第%d 组,组员学号:", i);
    for(number=1; number<x; number++)
    {
      if(number%y==0)        /* 如果学号能被 y 整除 */
      {
          i++;/* 组数加 1 */
          printf(",组长:%d\n", number);
        printf("第%d 组,组员学号:", i);
        continue;/* 结束本次循环 */
      }
      printf("%4d", number);
    }
    printf (",组长:%d\n", number);  /* 最后一组的最后一个同学当组长 */
}
```

程序运行示例如下：

输出

```
请输入班级总人数以及每个小组的人数:
```

输入

```
45  6
```

输出

```
第 1 组，组员学号：    1   2   3   4   5，        组长:6
第 2 组，组员学号：    7   8   9  10  11，        组长:12
第 3 组，组员学号：   13  14  15  16  17，        组长:18
第 4 组，组员学号：   19  20  21  22  23，        组长:24
```

```
第 5 组，组员学号：   25  26  27  28  29，   组长:30
第 6 组,组员学号：    31  32  33  34  35，   组长:36
第 7 组,组员学号：    37  38  39  40  41，   组长:42
第 8 组,组员学号：    43  44，               组长:45
```

4.3.7　break 语句

break语句

break 语句可以用于循环语句和多分支选择结构 switch 语句中。当 break 语句用于 switch 语句中时，可使程序跳出 switch 语句而继续执行 switch 语句下面的一条语句。当 break 语句用于循环语句中时，可使程序跳出循环体，也就是使程序提前结束当前循环，转而执行该循环语句的下一条语句。

break 语句的一般形式如下：

```
while()
{ …
    if()
    {
      break;
    }
…
}
```

break 语句可用于 while、do-while 和 for 循环语句中。

例 4－26　通过循环计算，当圆的面积大于 100 时，提前结束循环。

答案　参考程序：

```
#include <stdio.h>
#define PI 3.14
main()
{ double s;     /*定义实型变量保存圆面积的值*/
    int r;          /*定义整型变量保存圆半径的值*/
    for(r=1; r<=10; r++)
    {  s=PI*r*r;         /*计算圆的面积*/
      if (s>100)         /*如果圆面积大于 100*/
        break;          /*结束循环*/
      printf("r=%d,s=%.2f\n",r,s);  /*格式.2f 表示输出值取 2 位小数*/
    }
}
```

程序运行结果如下：

输出

```
r=1,s=3.14
r=2,s=12.56
r=3,s=28.26
r=4,s=50.24
r=5,s=78.50
```

break 语句的使用注意事项：

(1)break 语句只能用于循环语句和 switch 语句中。

(2)在循环体中 break 语句常与 if 语句搭配使用。

例4-27

例 4 - 27　输入一个正整数 m，判断 m 是不是素数。

分析　素数又叫质数，是指大于 1 且只有两个因子(1 和它本身)的整数。判断一个整数是不是素数，可以通过“遍历”处理方法来查找其因子，通过查找其因子可能出现的集合{2,3,4,…,$m-1$}去寻找第三个因子。若没有第三个因子，则 m 是素数；否则，m 不是素数。

答案　参考程序：

```
main()
{
    int m,i;
    scanf("%d",&m);          /* 输入一个正整数 m */
    for(i=2; i<=m-1; i++)      /* 在集合{2,3,4,…,m-1}中寻找第三个因子 */
      if(m%i==0)        /* 若 m 能被 i 整除，说明 i 是 m 的第三个因子 */
        break;          /* 终止循环 */
    if (i>=m)      /* 循环正常结束后，判断是否查询完集合所有数值 */
      printf("%d 是素数\n",m);       /* 输出"m 是素数" */
    else           /* 否则，循环因出现第三个因子，非正常结束 */
      printf("%d 不是素数\n",m);    /* 输出"m 不是素数" */
}
```

程序运行示例如下：

输入

```
37
```

输出

```
37 是素数
```

输入

```
50
```

输出

```
50 不是素数
```

break 语句和 continue 语句的区别：

(1)break 语句是结束整个循环过程，不再判断执行循环的条件是否成立。continue 语句则是结束本次循环，而不是终止整个循环体的执行。

break 语句和 continue 语句跳转区别如图 4.26 所示。

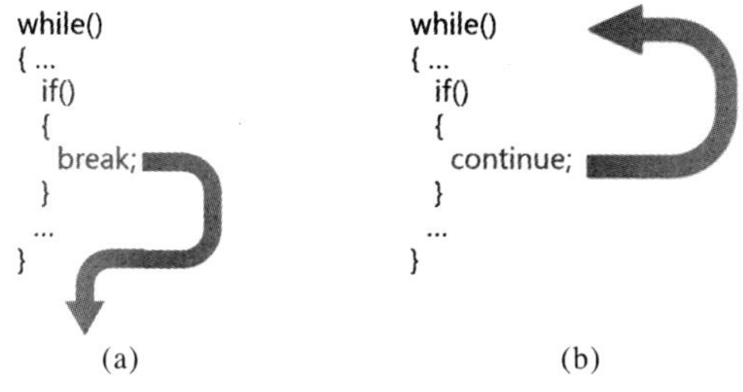

图 4.26　break **语句与** continue **语句跳转区别**

(a)break 语句；(b)continue 语句

(2)continue 语句只能用于 while、do-while 和 for 循环语句中，而 break 语句既可以用于循环语句中，又可以用于多分支选择结构 switch 语句中。

continue 语句和 break 语句在循环体中使用时，一般常与 if 语句搭配使用，用来判断结束循环的条件，如果满足条件，则终止循环或结束当前循环。

例 4-28　通过循环结构，输出 1～100 之间的奇数。

答案　参考程序：

```
main()
{   int i;
    for(i=1; i<=100; i++)
    {   if (i%2==0)          /* 如果 i 是偶数 */
            continue;        /* 结束当前循环 */
        printf("%5d",i);     /* 格式 5d 表示输出值的宽度为 5 */
    }
}
```

程序运行结果如下：

输出

```
1    3    5    7    9    11   13   15   12   19   21   23   25   27   29
33   35   37   39   41   43   45   42   49   51   53   55   57   59   61
65   67   69   71   73   75   77   79   81   83   85   87   89   91   93
97   99
```

将上例中 continue 语句换成 break 语句，则程序运行结果如下：

输出

```
1
```

由此可见,break 语句是结束整个循环过程,而 continue 语句则是只结束本次循环。

4.4 习　　题

一、选择题

1. 以下合法的 if 语句(设 int x,a,b;)是(　　)。

A:if(a= =b) x++;　　　　B:if(a=<b) x++;

C:if(a<>b) x++;　　　　D:if(a=>b) x++;

2. 以下语句不正确的为(　　)。

A:if(x>y);

B:if(x=y)&&(x! =0) x+=y;

C:if(x! =y)scanf("%d",&x);else scanf("%d",&y);

D:if(x<y) {x++;y++;}

3. 已知 int x=10,y=20,z=30;,以下语句执行后 x,y,z 的值是(　　)。

```
if(x>y) z=x;x=y; y=z;
```

A:x=10,y=20,z=30　　　　B:x=20,y=30,z=30

C:x=20,y=30,z=10　　　　D:x=20,y=30,z=20

4. 阅读以下程序:

```
main()
{   int a=5,b=0,c=0;
if(a= =b+c) printf("* * *\n");
printf("$ $ $\n");
}
```

以上程序(　　)。

A:语法有错不能通过编译　　　　B:可以通过编译但不能通过链接

C:输出 * * *　　　　D:输出 $ $ $

5. 以下不正确的 if 语句形式是(　　)。

A:if(x>y&&x! =y);

B:if(x==y)x+=y;

C:if(x ! =y)scanf("%d",&x) else scanf("%d",&y);

D:if(x<y){x++;y++;}

6. 以下程序运行结果是(　　)。

```
main()
{
    int m=5;
    if(m++>5)printf("%d\n:,m);
    else       printf("%d\n",m--);
}
```

A:4　　　　B:5　　　　C:6　　　　D:7

7. 为了避免在嵌套的条件语句 if-else 中产生二义性，C 语言规定 else 子句总是与(　　)配对。

A：缩排位置相同的 if　　B：其之前最近的 if

C：其之后最近的 if　　D：同一行的 if

8. 以下程序运行结果是(　　)。

```
main()
{int x=2,y=-1,z=2;
  if(x<y)
    if(y<0) z=0;
    else    z+=1;
printf("%d\n",z);
}
```

A：3　　B：2　　C：1　　D：0

9. 以下程序的执行结果是(　　)。

```
#include<stdio.h>
main()
{
    int x=1,y=0;
    switch(x)
    {
      case 1:
      switch(y)
      {
        case 0:printf("first\n");break;
        case 1:printf("second\n");break;
      }
    case2:printf("third\n");
    }
}
```

A：first second　　B：first third　　C：second third　　D：不确定

10. 以下程序段的运行结果是(　　)。

```
int x=1,y=0;
switch (x)
{ case 1 :
  switch (y)
     {  case 0 :printf("* *1* *\n"); break;
        case 1 :printf("* *2* *\n"); break;
     }
   case 2 :printf("* *3* *\n");
}
```

A：* *1* *，* *3* *　　B：* *2* *，* *3* *

C：* *3* *，* *1* *　　D：* *3* *，* *2* *

11. 阅读以下程序：

```
#include<stdio.h>
main()
{ int  y=10;
  while(y--);
    printf("y=%d\n",y);
}
```

程序执行后的输出结果是(　　)。

A:while 构成无限循环　　B:y=-1　　C:y=0　　D:y=1

12. 关于"while(条件表达式)循环体",以下叙述正确的是(　　)。

A:条件表达式的执行次数与循环体的执行次数一样

B:循环体的执行次数总是比条件表达式的执行次数多一次

C:条件表达式的执行次数与循环体的执行次数无关

D:条件表达式的执行次数总是比循环体的执行次数多一次

13. 阅读以下程序：

```
#include<stdio.h>
main()
{
    int a=7;
    while(a--);
    printf("%d\n",a);
}
```

程序执行后的输出结果是(　　)。

A:1　　B:7　　C:-1　　D:0

14. 若有以下程序：

```
#include<stdio.h>
main()
{  int a=-2,b=0;
    while(a++) ++b;
    printf("%d,%d\n",a,b);
}
```

则程序的输出结果是(　　)。

A:2,3　　B:1,3　　C:0,2　　D:1,2

15. 对于 while(! E) s;,若要执行循环体 s,则 E 的取值应为(　　)。

A:等于 1　　B:等于 0　　C:不等于 0　　D:任何值

16. 以下能够实现计算 5! 的程序段是(　　)。

A:int fac=1,k=1;

```
do{k++;fac *=k;} while(k<=5);
```

B:int fac=1,k=0;

　　do{fac *=k;k++;} while(k<5);

C:int fac=1,k=0;

　　do{k++;fac *=k;} while(k<5);

D:int fac=0,k=1;

　　do{fac *=k;k++;}　while(k<5);

17. 有以下程序:

```
#include<stdio.h>
main()
{   int   a=3;
    do
    {
        printf("%d,",a-=2);
    }while(! (--a));
    printf("\n");
}
```

程序运行后的输出结果是(　　)。

A:3,0　　B:1,0　　C:1,-2,　　D:1,0

18. 以下程序的运行结果是(　　)。

```
void main()
{int x = 5;
 do
  {
   printf("%2d", x--);
  } while(! x);
}
```

A:5 4 3 2 1　　B:4 3 2 1 0　　C:5　　D:4

19. do-while 循环与 while 循环的主要区别是(　　)。

A:while 循环体至少无条件执行一次,而 do-while 循环体可能一次都不执行

B:do-while 循环体中可使用 continue 语句,while 循环体中不允许出现 continue 语句

C:do-while 循环体中可使用 break 语句,while 循环体中不允许出现 break 语句

D:do-while 循环体至少无条件执行一次,而 while 循环体可能一次都不执行

20. 以下描述不正确的是(　　)。

A:使用 while 和 do-while 循环语句时,循环变量初始化的操作应在循环体语句前完成

B:while 循环语句是先判断表达式,后执行循环语句

C:do-while 和 for 循环语句均是先执行循环语句,后判断表达式

D:for、while 和 do-while 循环中的循环体均可以由空语句构成

21.有以下程序:

```
#include<stdio.h>
main()
{  char c;
   for(;(c=getchar())! ='#';)
   putchar(++c);
}
```

执行时如输入为:abcdefg##<回车>,则输出结果是(　　)。

A:bcdefgh　　B:abcdefg　　C:bcdefgh$$　　D:bcdefgh$

22.有如下程序:

```
#include<stdio.h>
main()
{
    int  i;
    for(i=0;i<5;i++)
    putchar('9'-i);
    printf("\n");
}
```

程序执行后的输出结果是(　　)。

A:'9''8''7''6''5'　　B:'43210'　　C:98765　　D:54321

23.有以下程序:

```
#include<stdio.h>
main()
{
    int x;
    for(x=3;x<6;x++)
      printf((x%2)? ("*%d"):("#%d"),x);
    printf("\n");
}
```

程序执行后的输出结果是(　　)。

A:*3#4*5　　B:*3#4#5　　C:#3*4#5　　D:*3*4#5

24.若变量已正确定义:

```
for(x=0,y=0;(y! =99&&x<4);x++);
```

则以上 for 循环(　　)。

A:执行3次　　B:执行无限次　　C:执行次数不定　　D:执行4次

25. 以下程序段运行后，循环体中的 n+=3；语句运行的次数为(　　)。

```
int i,j,n=0;
for(i=1;i<=3;i++)
  {for(j=1;j<=i;j++)
     {n+=3;
      printf("%d\n",n);
     }
  }
```

A:6 次　　B:9 次　　C:12 次　　D:1 次

26. 下面程序的功能是输出以下形式的金字塔图案：

```
   *
  * * *
 * * * * *
* * * * * * *
```

```
void main()
{
    int  i, j;
    for(i=1; i<=4; i++)
    {
        for(j=1; j<=4-i; j++) printf("");
        for(j=1; j<=________; j++) printf("*");
printf("\n");
    }
}
```

在画线处应填入的是(　　)。

A:i　　B:2*i-1　　C:2*i+1　　D:i+2

27. 下列关于 goto 语句的描述中，正确的是(　　)。

A:goto 语句可在一个文件中随意转向

B:goto 语句后面要跟一个它所转向的语句

C:goto 语句可以同时转向多条语句

D:goto 语句可以从一个循环体内转到循环体外

28. 以下程序段运行后变量 a 的值为(　　)。

```
int i=1,a=0;
for( ;i<3;i++)
{ continue;
  a+=i;
}
```

A:6　　B:3　　C:0　　D:5

二、填空题

1. ________语句一般用作单一条件或分支数目较少的场合。

2. if 语句中的表达式可以是________、________或________。

3. if 或者 else 条件后面只有一条语句时，________可写可不写。

4. 单分支 if 语句是缺省了________子句。

5. 单分支 if 语句，当条件为假时，直接________if 语句。

6. 以下程序的功能为对输入的两个整数，按从大到小的顺序输出。请在下面画线处填入正确的内容。

```
main()
{   int x,y,z;
   scanf("%d,%d",&x,&y);
if(x<y)
{z=x;________________}
printf("%d,%d",x,y);
}
```

7. 以下程序的运行结果是__________。

```
#include<stdio.h>
main()
{
    int a,b,c;
    a=2;b=3;c=1;
    if(a>c)
      printf("%d\n",a);
    else
      printf("%d\n",b);
    printf("end\n");
}
```

8. 若运行时输入：16<回车>，则以下程序的运行结果是__________。

```
#include<stdio.h>
void main (void)
{
int year;
printf ("Input you year :");
scanf ("%d",&year);
if (year>=18)
     printf("you $ 4.5yuan/xiaoshi");
else
     printf("your $ 3.0yuan/xiaoshi");
}
```

9. 如果编写超过 3 个以上分支的程序，可用____________语句。

10. switch 后面的“表达式”的值只能有一种执行方案，因此，每个 case 后面“常量表达式”的值必须____________。

11. switch 语句中，每个 case 的语句(组)后面必须加上____________语句。

12. 有以下程序：

```
#include<stdio.h>
main()
{  int a=-2,b=0;
   while(a++&&++b);
   printf("%d,%d\n",a,b);
}
```

程序运行后的输出结果是______________。

13. 有如下程序：

```
#include<stdio.h>
main()
{
    char  ch='A';
    while(ch<'D')
{
    printf("%d",ch-'A');
    ch++;
}
    printf("\n");
}
```

程序运行后的输出结果是____________。

14. 有如下程序：

```
#include<stdio.h>
main()
{
    charch='M';
    while(ch! ='K')
    {
        ch--;
        putchar(ch);
}
printf("\n");
}
```

程序运行后的输出结果是________。

15. 有以下程序：

```
#include<stdio.h>
main()
{   int   a=-1,b=-1;
     while(++a)
        ++b;
     printf("%d,%d\n",a,b);
}
```

程序的运行结果是____________。

16. 下面的程序输出结果是____________。

```
int i,a=0;
for(i=0;i<10;i++)
     a++;i++;
printf("%d",a);
```

17. 下面的程序输出结果是____________。

```
main()
{
   int x;
   for(x=0; x<4; x++)
   if(x%2==0) printf("%c", 65+x);printf("%d", x);
}
```

三、操作题

1. 编写程序，从键盘输入 24 个字母，要求将输入的字母以大写输出。

2. 编写程序，输入年份和月份，求该月的天数。

3. 编写程序，要求输入整数 a 和 b，若 a*a+b*b 大于 100，则输出 a*a+b*b 百位以上的数字，否则输出两数的和。

4. 试编程判断输入的正整数是否既是 5 又是 7 的整倍数。若是，则输出 yes，否则输出 no。

5. 编一程序，对于给定的一个百分比制成绩，输出相应的五分制成绩。设：90 分及以上为'A'，80～89 分为'B'，70～79 分为'C'，60～69 分为'D'，60 分以下为'E'（用 switch 语句实现）。

6. 编程实现，输入一个 5 位数以内的整数，计算该整数的位数及各位之和。

7. 用 for 语句编程求 2－4＋6－8＋…－100＋102 的值。

8. 用 while 语句编程，输出 100～200 之间所有能被 3 和 7 整除的数（每行输出 4 个数）。

9. 用循环嵌套方法编程输出下列图案：

```
* * * * *
  * * *
    *
```

10. 编写程序，输出 500 内任意两个整数之间的所有素数。

第5章　数　　组

在实际应用中，经常会遇到需要对大量数据进行处理的情况，例如，对学生的学籍进行管理、对学生的成绩进行统计、银行储蓄处理等问题。这类问题的特点是数据量大，且处理的数据类型相同。为了实施对海量数据的准确访问与管理，C语言提供了数组这种数据结构。一个数组可以分解为多个数组元素，这些数组元素一般是基本数据类型或是构造类型。

5.1　一维数组

我们对数组其实并不陌生，数学中早就在应用了，如高次方程的根用 x_1, x_2, x_3…表示，用 a_1, a_2, a_3…表示数列各项。由此可见，声明一个数组，相当于声明了一批变量，并且这些变量是“有组织”的。正如一群战士，互不相干时，需要称呼姓名来指定其中某一位，而一旦他们以整齐排列的方式组织起来，就能用“第7位”或“第3行第5位”这样的称呼来指定其中某一位了。

所谓数组，是指有限个属性相同、类型也相同的数据的组合。属性相同是指各元素的物理含义一致，如均表示年龄，均表示体重。

需要注意的是，C语言与有些语言不同，它不支持动态定义数组，即要求在声明数组时，数组元素的个数（又称数组长度）必须是确定的，只能是正整数或常量表达式。

5.1.1　认识一维数组

1. 一维数组的概念

问题：有以下两组数据，它们分别该如何存储呢？

(1)一个班学生的学习成绩。

(2)一行文字。

这些数据的特点是：

(1)具有相同的数据类型。

(2)使用过程中需要保留原始数据。

一维数组的概念

C语言为这些数据提供了一种构造数据类型：数组。数组是一组具有相同数据类型的数据的有序集合。

2. 一维数组的类型

数组类型分为 int,long,float,char 等。

5.1.2 一维数组的定义

1. 一维数组的定义格式

```
类型说明符　数组名[常量表达式];
```

例如： int a[10];

它表示定义了一个整型数组,数组名为 a,此数组有 10 个元素。

2. 说明

(1)数组名命名规则和变量名相同,遵循标识符命名规则。

(2)在定义数组时,需要指定数组中元素的个数,方括号中的常量表达式用来表示元素的个数,即数组长度。例如,指定 a[10],表示 a 数组有 10 个元素,注意元素下标是从 0 开始的,这 10 个元素分别是 a[0],a[1],a[2],a[3],a[4],a[5],a[6],a[7],a[8],a[9]。请持别注意,按上面的定义,不存在数组元素 a[10]。

(3)常量表达式中可以包括数值常量和符号常量,但不能包含变量。也就是说,C 语言不允许对数组的大小作动态定义,即数组的大小不依赖于程序运行过程中变量的值。

3. 一维数组在内存中的存放

一维数组在内存中的存放如图 5.1 所示。

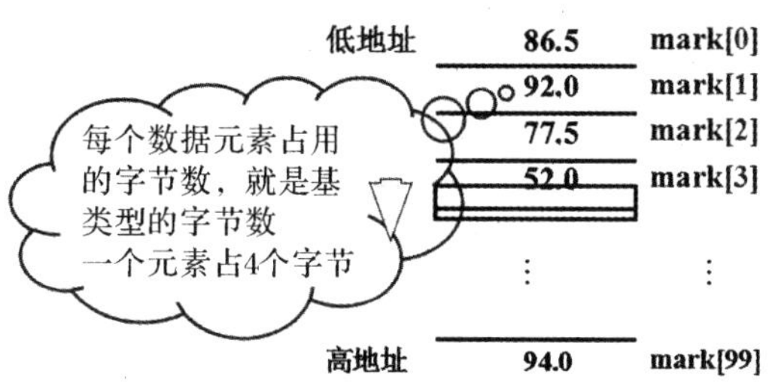

图 5.1　一维数组在内存中的存放

例 5-1　下面一维数组定义正确的是(　　)。

```
A:float a[0];   B:int b(2);   C:int k, a[k];   D:int a[1];
```

一维数组的定义练习

分析

float a[0]；　/* 数组大小为 0 没有意义 */

int b(2)；　/* 不能使用圆括号 */

int k，a[k]；　/* 不能用变量说明数组大小 */

答案

D

注意：

(1) 对于同一个数组，其所有元素的数据类型都是相同的。

(2) 数组名是用户定义的数组标识符，其书写规则应符合标识符的书写规定。

(3) 方括号中的常量表达式表示数据元素的个数，也称为数组的长度。

(4) 允许在同一个类型说明中，说明多个数组和多个变量。

(5) 数组的下标是从 0 开始的。

(6) C 语言不允许对数组的大小进行动态定义，即数组的大小不依赖于程序运行过程中变量的值。

5.1.3　一维数组的初始化

数组属构造类型，每个元素是一个变量，所以数组要初始化后才能使用。通常说的数组的初始化，是指对数组元素的初始化。

可以在定义数组的时候对数组元素赋初值，例如：

int a[5]={1,2,3,4,5}；

也可以只给一部分元素赋值，例如：

int a[10]={0,1,2,3,4}；

一维数组的初始化

定义一个 10 个元素的数组，但只提供了 5 个初始值，这表示前面 5 个元素的初始值，后面 5 个元素值为 0。

如果想使一个数组中全部元素为 0，则可以定义

int a[10] = {0}；

在对全部数组元素赋初值时，由于数据的个数已经确定，因此可以不指定数组长度。例如：

int a[] = {1,2,3,4,5}；

动态初始化数组，通过循环对数组进行赋值。

例 5-2　对数组 a 分别赋值 0,1,2,3,4,5,6,7,8,9。

分析　首先定义一个数组 a[10]及循环变量 i，由于 a 数组装入的值是 0,1,2,3,4,5,6,7,

8,9,有一定的规律性,因此可以通过 for 语句进行赋值。

答案

```
int a[10]; int i;
for(i = 0;i<10;i++)
{
  a[i] = i;
}
```

5.1.4 一维数组的引用

定义数组的实质是在内存中预留一片连续的存储空间来存放数组的全部元素。数组元素按照下标值从小到大的顺序依次存放在这片连续的存储空间中。数组名代表数组的首地址,也就是下标值为 0 的元素的地址。由于数组一旦定义好后,C 编译系统就会自动根据当前的内存情况为该数组分配一片固定的连续区域,而数组名代表数组的首地址,因此数组名的值是一个常量,不能进行赋值操作。

一维数组的引用

数组必须先定义,然后逐个引用数组元素,而不能一次引用整个数组。

一维数组元素的引用格式为:

```
数组名[下标值];
```

如 int a[3];,数组的元素为 a[0],a[1],a[2]。注意数组下标的下限值为 0,上限值为数组元素个数减 1。

数组元素是组成数组的基本单元。数组元素也是一种变量,其表示方法为数组名后跟一个下标。下标表示了元素在数组中的顺序号。

数组元素的一般形式为:

```
数组名[下标]  (下标可以是整型常量或整型表达式)
```

如有定义 int a[4];,假定 C 编译系统为该数组分配的 8 个存储单元的起始地址为 1000H,那么该数组在内存中的存放示意如表 5.1 所示。

表 5.1 a 数组在内存中的存放示意

地 址	1000H,1001H	1002H,1003H	1004H,1005H	1006H,1007H
元 素	a[0]	a[1]	a[2]	a[3]

计算机的内存编址是以字节为单位的,一个字节就是一个存储单元,可以存放 8 个二进制位。因为 a 数组是 int 类型占两个字节,所以 a 数组的每一个元素都要占用两个存储单元,如 a[0]元素占用 1000H 和 1001H 两个存储单元。那么应该如何来表示 a[0]元素的地址呢?数组在内存中的地址是用它的首地址来表示的,因此 a[0]元素的地址就是 1000H,因为 C 规定一个 int 类型的数据占用两个存储单元,所以只要我们知道了 a[0]元素的地址为 1000H 就表示将 a[0]元素的值存放在 1000H 开始的两个存储单元,即 1000H 和

1001H 中。

数组元素的地址可以用取地址运算符“&”来表示，如 &a[0]表示 a[0]元素的地址即 1000H。

由于数组名代表数组的首地址，因此 a+i 表示一维数组中下标值为 i 的元素的地址即 a+i==&a[i]。如 a+2==&a[2]==1004H，a+i 实际上相当于 a+i * d，d 表示数据类型占用的存储单元的个数，而不是 a+|i|。

输出数组元素，特别是当数组包含的元素较多时，一般采用循环结构。

例 5-3　分析下面程序输出结果。

```
#include<conio.h>
#define N 10
void main()
{
    int a[N], i;
    for (i = 0; i < N; i++)
    {
        a[i] = 10 + i;
    }
    for (i = 0; i < N; i++)
    {
        printf(" %5d", a[i]);
    }
}
```

分析　程序首先定义了数组 a[10]和变量 i，然后通过 for 语句给数组 a 中分别赋值为 10，11，12，…，19，最后再通过 for 语句输出数组 a。

答案

```
10   11   12   13   14   15   16   17   18   19
```

在对数组操作时，须注意以下事项：

(1)在一个源程序中，数组名不能与普通变量名相同。

(2)对数值型数组来说，输入/输出操作是针对数组元素的，而不是针对数组名的。

(3)同一数组中各元素的类型相同，因此“flaot a[3]={12.5,'z',"school"};”是错误的语句。

(4)数组元素通常也称为下标变量。必须先定义数组，才能使用下标变量。在 C 语言中只能逐个地使用下标变量，而不能一次引用整个数组。

例如，输出 5 个元素的数组必须使用循环语句逐个输出：

```
for (int i = 0; i < 5; i++)
{
    printf("%d", a[i]);
}
```

而不能用一个语句输出整个数组：

```
printf("%d",a);
```

例 5-4　分析下面程序的输出结果。

```
void main()
{
    int a, b = 0;
    int c[10] = {1, 2, 3, 4, 5, 6, 7, 8, 9, 0};
    for (a = 0; a < 10; ++a)
        if (c[a] % 2 == 0) b += c[a];
    printf("\nb = % d", b);
}
```

分析　本例各变量变化情况如表 5.2 所示。

表 5.2　变量变化表

循环次数	a	c 数组元素	b
1	0	c[0]=1	0
2	1	c[1]=2	2
3	2	c[2]=3	
4	3	c[3]=4	2+4
5	4	c[4]=5	
6	5	c[5]=6	2+4+6
7	6	c[6]=7	
8	7	c[7]=8	2+4+6+8
9	8	c[8]=9	
10	9	c[9]=0	2+4+6+8+0

可见，程序功能是将 c[a]为偶数的值累加。

答案

```
b=20
```

例 5－5　分析下面程序的输出结果。

```
#include<stdio.h>
int main()
{
    int i, a[10];
    for (i = 0; i <= 9; i++) //对数组元素 a[0]~a[9]赋值
        a[i] = i;
    for (i = 9; i >= 0; i--) //输出 a[9]~a[0]共 10 个数组元素
        printf("%d ", a[i]);
    printf("\n");
    return 0;
}
```

例5-5

分析

第 1 个 for 循环使 a[0]～a[9]的值为 0～9。

第 2 个 for 循环按 a[9]～a[0]的顺序输出各元素的值。

答案

```
9,8,7,6,5,4,3,2,1,0
```

例 5－6　编程实现键盘输入 10 个数字，输出最大值。

例5-6

分析　本例程序中用第一个 for 语句逐个输入 10 个数到数组 a 中，然后把 a[0]送入 max 中。在第二个 for 语句中，从 a[1]到 a[9]逐个与 max 中的内容比较，若比 max 的值大，则把该下标变量送入 max 中，因此 max 总是在已比较过的下标变量中为最大者。比较结束，输出 max 的值。

答案

```
#include <stdio.h>
int main(void)
{
    int i, max, a[10];
    printf("请输入 10 个数\n");
    for (i = 0; i < 10; i++)
        scanf("%d", &a[i]);
    max = a[0];
    for (i = 1; i < 10; i++)
        if (a[i] > max) max = a[i];
    printf("最大值=%d\n", max);
    return 0;
}
```

例 5－7　下面程序段的运行结果是（　　）。

```
int m[ ] = {5, 8, 7, 6, 9, 2}, i = 1;
do
{
    m[i] += 2;
}
while (m[++i] > 5);
for (i = 0; i < 6; i++)
    printf("%d  ", m[i]);
```

分析　程序通过循环语句给数组 m 的部分元素再次赋值：m[1]=8+2，m[2]=7+2，m[3]=6+2，m[4]=9+2，由于 m[5]不满足大于 5，因此结束循环，然后输出数组 m 的值。

答案

```
5  10  9  8  11  2
```

例 5－8　用起泡法对 10 个数排序（由小到大）。

分析　起泡法的思路是：将相邻两个数比较，将小的调到前头。第 1 趟比较如图 5.2 所示。

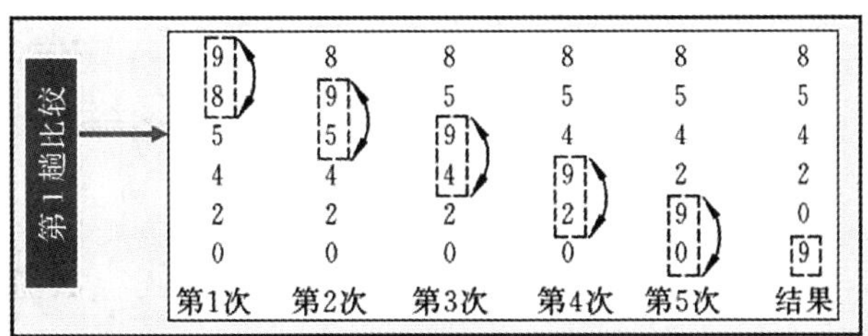

图 5.2　起泡法第 1 趟比较

经过第 1 趟比较（共 5 次比较）与交换后，最大的数 9 已“沉底”。然后对余下的前面 5 个数进行第 2 趟比较，如图 5.3 所示。

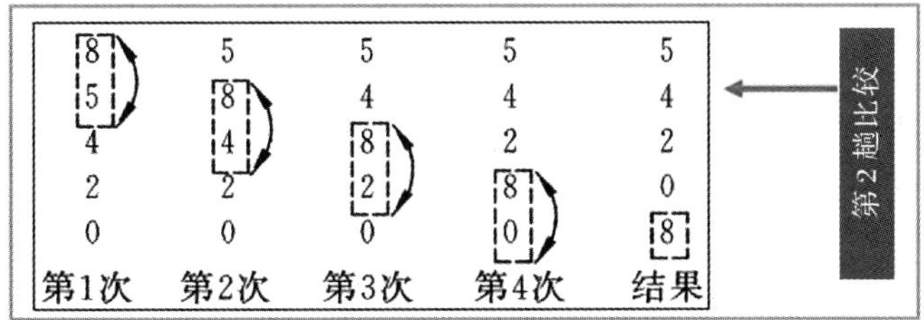

图 5.3　起泡法第 2 趟比较

经过第 2 趟（共 4 次比较）与交换后，得到次大的数 8。

如果有 n 个数，则要进行 $n-1$ 趟比较。在第1趟比较中要进行 $n-1$ 次两两比较，在第 j 趟比较中要进行 $n-j$ 次两两比较。

程序流程图如图5.4所示。

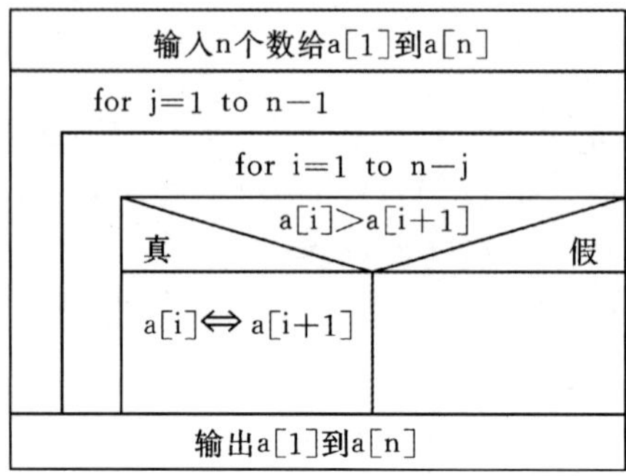

图5.4　程序流程图

答案

```
#include <stdio.h>
void main()
{
    int a[10];
    int i, j, t;
    printf("请输入10个数:\n");
    for (i = 0; i < 10; i++)
        scanf("%d",&a[i]);
    printf("\n");
    for (j = 0; j < 9; j++)
        for (i = 0; i < 9 - j; i++)
            if (a[i] > a[i + 1])
            {
                t = a[i];
                a[i] = a[i + 1];
                a[i + 1] = t;
            }
    printf("排序结果 :\n");
    for (i = 0; i < 10; i++)
        printf(" % d ", a[i]);
    printf("\n");
}
```

程序运行示例如下：

```
请输入10个数:
1 0 4 8 12 65 -76 100 -45 123
排序结果:
-76 -45 0 1 4 8 12 65 100 123
```

5.2　二 维 数 组

二维数组是指一个由若干同类型一维数组组成的集合，相当于若干行、若干列数据组成的阵列，在内存中按行连续存储。

5.2.1　认识二维数组

1. 二维数组的概念

二维数组概念

一维数组只有一个下标，称为一维数组，其数组元素也称为单下标变量。在实际问题中有很多量是二维的或多维的。

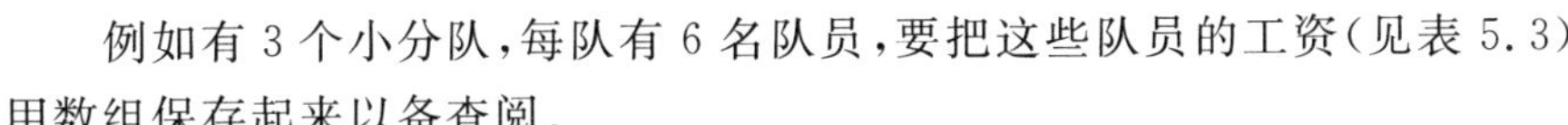

例如有 3 个小分队，每队有 6 名队员，要把这些队员的工资（见表 5.3）用数组保存起来以备查阅。

表 5.3　队员工资表

分 队	工资/元					
	队员 1	队员 2	队员 3	队员 4	队员 5	队员 6
第 1 分队	2456	1847	1243	1600	2346	2757
第 2 分队	3045	2018	1725	2020	2458	1436
第 3 分队	1427	1175	1046	1976	1477	2018

如果建立一个数组 a，它应当是二维的，第一维用来表示第几分队，第二维用来表示第几个队员。例如，用 a 2,3 表示 2 分队第 3 名队员的工资，它的值是 1725。

二维数组常称为矩阵（matrix）。把二维数组写成行（row）和列（column）的排列形式，有助于形象化地理解二维数组的逻辑结构。

2. 二维数组的类型

变量类型分为 int，long，float，char 等。

数组类型分为 int，long，float，char 等。

5.2.2　二维数组的定义

二维数组的表示要用到两个下标，第一个下标代表行，第二个下标代表列。其定义格式是：

```
类型说明符　数组名[行数][列数];
```

例如：

```
int a[3][4];
```

表示定义了一个 3 行 4 列的二维数组，共有 3×4=12 个元素，数组名为 a，即

a[0][0]，a[0][1]，a[0][2]，a[0][3]
a[1][0]，a[1][1]，a[1][2]，a[1][3]
a[2][0]，a[2][1]，a[2][2]，a[2][3]

二维数组定义

上面我们把二维数组理解成二维图表(见表 5.4),我们也可以将二维数组看成元素是一维数组的一维数组,将维数降低。

表 5.4　二维数组表

a [0]	a [0] [1]	a [0] [2]	a [0] [3]	a [0] [4]
a [1]	a [1] [1]	a [1] [2]	a [1] [3]	a [1] [4]
a [2]	a [2] [1]	a [2] [2]	a [2] [3]	a [2] [4]

比如,a [3] [4],可以把 a 看成一个一维数组,里面有三个元素:a [0],a [1],a[2],每个元素又包含 4 个元素。

在 C 语言中,二维数组中元素是按行存放的,就是说先排列第一行的数据,再排列第二行的数据,以此类推。

例 5-9　在 C 语言中,若定义二维数组 a[2][3],设 a[0][0]在数组中位置为 1,则 a[1][1]在数组中位置是(　)。

A:3　　　　B:4　　　　C:5　　　　D:6

分析　二维数组 a[2][3]的排列顺序是:a[0][0],a[0][1],a[0][2],a[1][0],a[1][1],a[1][2],a[2][0],a[2][1],a[2][2]。

答案

C

5.2.3　二维数组的初始化

二维数组初始化

二维数组初始化也是在类型说明时给各下标变量赋以初值。二维数组可按行分段赋值,也可按行连续赋值。其格式如下:

```
数据类型　　数组名 [常量表达式 1][常量表达式 2]={　初始化数据　};
```

例如,对数组 a[5][3]赋值,按行分段赋值可写为:

```
int a[5][3]={ {80,75,92}, {61,65,71}, {59,63,70}, {85,87,90}, {76,77,85} };
```

按行连续赋值可写为:

```
int a[5][3]={ 80,75,92,61,65,71,59,63,70,85,87,90,76,77,85};
```

这两种赋初值的结果是完全相同的。

对于二维数组初始化赋值还有以下说明:

(1)可以只对部分元素赋初值,未赋初值的元素自动取 0 值,例如:

```
int a[3][3]={{1},{2},{3}};
```

是对每一行的第一列元素赋值,未赋值的元素取 0 值。赋值后各元素的值为:

1　0　0

2　0　0

3　0　0

又如：

```
int a [3][3]={{0,1},{0,0,2},{3}};
```

赋值后的元素值为：

$$\begin{matrix} 0 & 1 & 0 \\ 0 & 0 & 2 \\ 3 & 0 & 0 \end{matrix}$$

(2)如对全部元素赋初值，则第一维的长度可以不给出，例如：

```
int a[3][3]={1,2,3,4,5,6,7,8,9};
```

也可以写为：

```
int a[][3]={1,2,3,4,5,6,7,8,9};
```

例5－10　设已定义:int a[][4]={0,0,0};,则下列描述正确的是(　　)。

例5-10

A:数组 a 包含 3 个元素

B:数组 a 的第一维大小为 3

C:数组 a 的行数为 1

D:元素 a[0][3]的初值不为 0

分析　通过 int a[][4]={0,0,0}可以知道，数组 a 一定有 4 个元素，前 3 个为零。

答案

C

5.2.4　二维数组的引用和元素的输出

1. 二维数组的引用

二维数组的元素也称为双下标变量，其表示的形式为：

二维数组引用

```
数组名[下标][下标];
```

其中下标应为整型常量或整型表达式。例如:a[3][4]表示 a 数组三行四列的元素。在引用数组元素时，下标值应在已定义的数组大小的范围内，例如：

```
int a[3][4];//定义 a 为 3×4 的二维数组
a[3][4]=3;//不存在 a[3][4]元素,数组 a 可用的“行下标”的范围为 0～2,“列下标”的范围为 0～3
```

严格区分在定义数组时用的 a[3][4]和引用元素时的 a[3][4]的区别。前者用 a[3][4]来定义数组的维数和各维的大小，后者 a[3][4]中的 3 和 4 是数组元素的下标值，a[3][4]代表行序号为 3、列序号为 4 的元素(行序号和列序号均从 0 起算)。

2. 二维数组元素的输出

二维数组在内存中以行的顺序依次连续进行存放，并不是按照我们希望的行列二维表格形式输出，为了符合习惯，对二维数组元素按行列形式输出，需要采用双层 for 循环的格式控制，这是一种通用的格式，例如：

```
int a[3][4], i, j;
for (i = 0; i < 3; i++)
{
    for (j = 0; j < 4; j++)
        printf(" % d\t", a[i][j]);
    printf("\n");
}
```

二维数组应用1

例 5-11　不能对二维数组 a 进行正确初始化的语句是(　　)。

A:int a[3][2]={{1,2,3},{4,5,6}};
B:int a[3][2]={{1},{2,3},{4,5}};
C:int a[][2]={{1,2},{3,4},{5,6}};
D:int a[3][2]={1,2,3,4,5};

例5-11

分析　通过 int a[3][2]可以知道，数组 a 有 3 行 2 列，而{{1,2,3},{4,5,6}}表示数组 a 有 2 行 3 列。

答案

A

例 5-12　以下程序段运行后 sum 的值为(　　)。

```
int k = 0, sum = 0;
int a[3][4] = {1, 2, 3, 4, 5, 6, 7, 8, 9, 10, 11, 12};
for (; k < 3; k++)
    sum += a[k][k + 1];
```

例5-12

分析　程序通过 for 循环实现 a[0][1]+a[1][2]+a[2][3]=2+7+12。

答案

21

例 5-13　编程实现将一个二维数组行和列元素互换，存到另一个二维数组中：

例5-13

$$\boldsymbol{a}=\begin{bmatrix}1 & 2 & 3\\4 & 5 & 6\end{bmatrix}\quad \boldsymbol{b}=\begin{bmatrix}1 & 4\\2 & 5\\3 & 6\end{bmatrix}$$

分析　首先定义一个数组 a[2][3]同时初始化装入 1,2,3,4,5,6,然后定义一个数组 b[3][2],通过两个 for 循环嵌套,循环内进行 b[j][i] 与 a[i][j]交换。

答案

```
#include <stdio.h>
void main()
{
    int a[2][3] = {{1,2,3},{4,5,6}};
    int b[3][2],i,j;
    printf("array a:\n");
    for (i = 0; i <= 1; i++)
    {
        for (j = 0; j <= 2; j++)
        {
            printf(" % 5d",a[i][j]);
            b[j][i] = a[i][j];
        }
        printf("\n");
    }
    printf("array b:\n");
    for (i = 0; i <= 2;i++)
    {
        for (j = 0; j <= 1; j++)
            printf("%5d",b[i][j]);
                printf("\n");
    }
}
```

程序运行示例如下：

```
array a:
        1  2  3
        4  5  6
array b:
     1  4
     2  5
     3  6
```

例 5-14　有一个 3×4 的矩阵,要求编程序求出其中值最大的那个元素的值,以及其所在的行号和列号。

分析　先用 N-S 流程图表示算法,如图 5.5 所示。

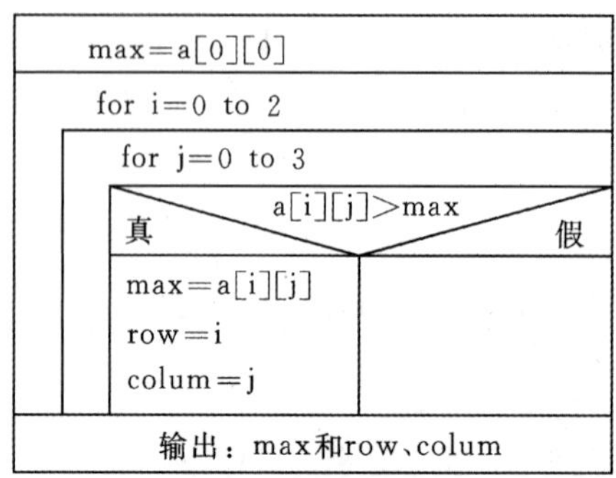

图 5.5　程序流程图

答案　程序如下：

```
#include <stdio.h>
void main()
{
    int i,j,row = 0,colum = 0,max;
    int a[3] [4] = {{1,2,3,4},{9,8,7,6},
        {-10,10, -5,2}
    };
    max = a[0][0];
    for (i = 0; i <= 2; i++)
        for (j = 0; j <= 3; j++)
            if (a[i] [j] > max)
            {
                max = a[i] [j];
                row = i;
                colum = j;
            }
    printf("max = % d,row = % d,colum = % d\n", max,row,colum);
}
```

5.3　字符数组

C语言中的字符串是用一对双引号括起来的若干个字符序列，在内存中进行存放时，系统自动在字符串的末尾存放一个字符串的结束标志“\0”。如字符串“abcd”的长度是4个字符，然而，其在内存占用5个存储单元。因此字符串的长度是指字符串包含的字符的个数，不包括字符串的结束标志“\0”。但是计算字符串占用的内存单元个数时要包含字符串的结束标志“\0”，所以字符串占用的内存单元的个数是字符串的长度加1。

在C语言中要存放一个字符串时可以用一个char类型的一维数组来存放，但是数组的长度要比字符串的长度多一个。存放多个字符串可以用char类型的二维数组来存放。

5.3.1 字符数组定义及初始化

1. 字符数组定义

用来存放字符数据的数组是字符数组。在字符数组中的一个元素内存放一个字符。例如：

字符数组定义

char c[10];

c[0]='I';c[1]=' ';c[2]='a';c[3]='m';c[4]=' ';

c[5]='h';c[6]='a';c[7]='p';c[8]='p';c[9]='y';

其字符的存放情况见表 5.5。

表 5.5 字符在字符数组中的存放

c[0]	c[1]	c[2]	c[3]	c[4]	c[5]	c[6]	c[7]	c[8]	c[9]
I		a	m		h	a	p	p	y

由于字符型数据是以整数形式(ASCII 码)存放的，因此也可以用整型数组来存放字符数据。例如：

int c[10];

c[0]='a';//合法，但浪费存储空间

2. 字符数组的初始化

可以在定义字符数组时对其进行初始化，常见的几种赋值方法如下：

字符数组初始化

(1)逐个元素赋初值，如：char c[3]={'a', 'b', '\0'};。当逐个元素赋初值时，如果没有为最后一个元素赋初值为'\0'，那么该数组不能按"%s"格式输出。

(2)也可以只对一部分元素赋初值，如：char c[5] ={'a', 'b', 'c'};，表示只对前三个元素赋初值，其余的自动赋初值为'\0'，可以按"%s"格式输出。

(3)对所有元素赋初值时可以省略数组的大小，如：char c[]={'a', 'b', '\0'};。

(4)也可以直接将一个字符串赋值给数组，如：char c[5]="abcd";。当数组的长度大于字符串的长度时可以按"%s"格式输出，当数组长度和字符串长度相等时不能按照"%s"格式输出，如 char c[4]="abcd";。

(5)采用字符串直接赋值时可以省略数组的大小，默认表示数组足够大，可以存放字符串的所有字符和'\0'，因此可以按"%s"格式整体输出，如 char c[]="abcd";。

(6)对字符型二维数组的赋值可以按行赋值为字符串，如：char c[3][20]={{"anan"},{"gege"},{"meimei"}};，表示将第一个字符串赋值给第一行的元素，第二个字符串赋值给第二行的元素，依此类推。

(7)也可以直接这样赋值：char c[3][20]={"anan","gege","meimei"};。

例 5-15　char c[]="string";,则 c[3]=(　　)。

字符数组输入/输出1

分析　数组下标是从 0 开始递增计数的。

答案

i

5.3.2 字符数组使用

字符数组的输入/输出操作常采用以下几种方式:

字符数组输入/输出2

1. 借助 for 循环逐个字符输入

```
如:char c[10];
    for(i=0;i<10;i++)
      scanf("%c",&c[i]);
```

2. 一次输入一个字符串

```
如:char c[10];
    scanf("%s",c);
或:char c[10];
    gets(c);
```

3. 借助 for 循环逐个字符输出

```
如:char c[10];
    for(i=0;i<10;i++)
      printf("%c",c[i]);
```

4. 一次输出一个字符串

```
如:char c[10];
    printf("%s",c);
或:char c[10];
    puts(c);
```

例 5-16　编程实现在键盘上输入一个字符串,然后程序原样输出。

分析　先定义一个字符串数组,然后利用"%s"格式在键盘上输入字符串,再利用"%s"格式输出。

答案

```
main()
{
char a[100];
  scanf("%s",a);
  printf("%s",a);
}
```

5.3.3 字符/字符串函数

C语言中对字符串进行处理的函数还有很多，如表5.6所示。注意，在调用字符串处理函数时需要将头文件string.h包含在所使用文件中。

表5.6 C语言中常用的字符串处理函数

序 号	函数名	意 义	返回值
1	gets(str)	键盘输入一串字符赋给字符数组str	str
2	puts(str)	输出字符数组str内容到显示器	str
3	strlen(str)	求串长	整数
4	strcat(str1,str2)	串连接，即串2连接于串1后	str1
5	strncat(str1,str2,*n*)	串连接，仅串2前*n*个字符连于串1后	str1
6	strcpy (str1,str2)	串复制，串2复制到串1	str1
7	strncpy (str1,str2,*n*)	串复制，仅串2前*n*个字符复制到串1	str1
8	strcmp(str1,str2)	串比较，比较串2、串1大小	整数
9	strncmp(str1,str2,*n*)	串比较，仅比较串2、串1前*n*个字符大小	整数
10	strset (str1,str2)	置换，用ch置换str串各字符	str
11	strnset (str1,str2,*n*)	置换，用ch置换str串前*n*个字符	str
12	strlwr(str)	大转小，串中大写字母变为小写字母	str
13	strupr(str)	小转大，串中小写字母变为大写字母	str
14	memset(str,ch,*n*)	置换，将str串前*n*个字符置换成ch	str
15	strrev(str)	倒置，将str串字符颠倒顺序	str
16	strchr(str,ch)	给出ch在str串首次出现的位置	整数
17	strstr(str1,str2)	给出str2子串在str1串中首次出现的位置	整数

1. 字符串的输入/输出函数

字符串输入函数gets的调用格式：

```
gets(字符数组名);
```

功能：将终端输入的字符串保存到指定的字符数组中。

字符串输出函数puts的调用格式：

```
puts(字符数组名);
```

功能：将指定的字符数组中的字符串输出到显示终端。

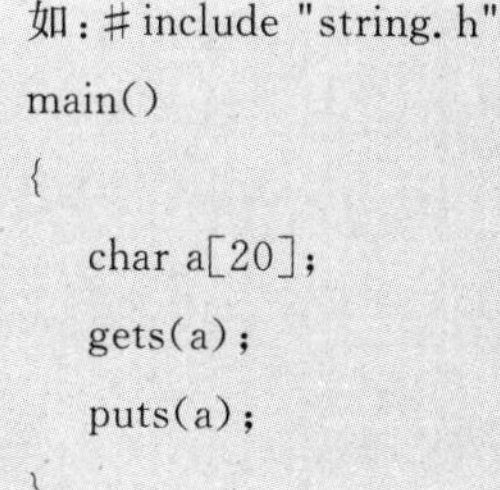

```
如：#include "string.h"
main()
{
    char a[20];
    gets(a);
    puts(a);
}
```

2. 字符串连接函数 strcat

字符串连接函数

调用格式：

```
strcat(字符数组 1,字符串);
```

功能：将字符串连接到字符数组 1 的后面形成一个新的字符串，然后再保存到字符数组 1 中，strcat 函数的返回值是字符数组 1 的首地址。

说明：字符串可以是一个字符串常量，也可以是一个字符数组。

例 5-17　分析程序输出结果。

```
char c1[30]="abc";
char c2[10]="defg";
printf("%s\n",strcat(c1,c2));
```

分析　strcat 函数的功能是将字符串 c2 连接到字符数组 c1 的后面，并将结果保存到字符数组 c1 中。

答案

```
abcdefg
```

3. 字符串复制函数 strcpy

字符串复制函数

调用格式：

```
strcpy(字符数组 1,字符数组 2);
```

功能：将字符数组 2 复制给字符数组 1，字符数组 2 保值不变。strcpy 函数的返回值是字符数组 1 的首地址。

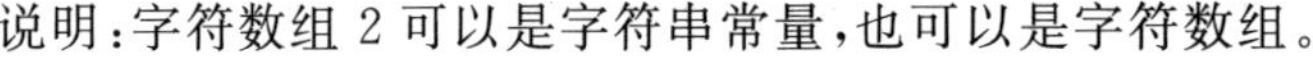

说明：字符数组 2 可以是字符串常量，也可以是字符数组。

例 5-18　分析程序输出结果。

```
#include "string.h"
main()
{
    char a[20]="abcd";
    printf("%s\n",strcpy(a,"xyz"));
}
```

分析　strcpy 函数的功能是将字符串“xyz”复制给字符数组 a。

答案

```
xyz
```

4. 字符串比较函数 strcmp

调用格式：

```
strcmp(字符串1，字符串2)；
```

功能：比较字符串1和字符串2。

字符串比较的规则是：将两个字符串自左至右逐个字符相比（按ASCII码值大小比较），直到出现不同的字符或遇到“\0”为止。

(1)若字符串1与字符串2相同，则函数值为0。

(2)若字符串1>字符串2，则函数值为一个正整数。

(3)若字符串1<字符串2，则函数值为一个负整数。

例5-19 分析程序输出结果。

```
#include "string.h"
main()
  {
        char a[20]="abcd";
        char b[20]="ef";
        int i;
        i=strcmp(a,b);
        printf("i=%d",i);
  }
```

分析 strcmp函数的功能是将字符串a和b自左至右逐个字符相比，直到出现不同的字符或遇到“\0”为止，由于a[0]=“a”< b[0]=“e”，因此函数值为一个负整数。

答案

```
i=-1
```

5. 测试字符串长度函数 strlen

调用格式：

```
strlen(字符数组名)；
```

功能：测试字符串的实际长度（不包含字符串结束标志“\0”），并作为函数的函数值返回。

例5-20 分析程序输出结果。

```
char str[10]="chine";
printf("%d",strlen(str));
```

分析 strlen函数的功能是测试字符串的实际长度（不包含字符串结束标志“\0”）。

答案

5

6. 大写字母变小写字母函数 strlwr

调用格式：

```
strlwr(字符串);
```

功能：将字符串中的大写字母转换成小写字母，其他字符（小写字母和非字母字符）不变。如 printf("%s",strlwr("ABxy123"));的输出的结果是：abxy123。

7. 小写字母变大写字母函数 strupr

调用格式：

```
strupr(字符串);
```

功能：将字符串中的小写字母转换成大写字母，其他字符（大写字母和非字母字符）不变。如 printf("%s",strupr("ABCxyz123"));的输出结果是：ABCXYZ123。

8. 常用的字符处理函数

C 语言中常用的字符处理函数如表 5.7 所示，当调用这些函数时需要使用 #include <stdlib.h>将头文件 stdlib.h 包含在所使用文件中。

表 5.7 C 语言常用的字符处理函数

函数名称	意 义	返 回
isalnun(ch)	ch 是否是字母或数字	是返回 1，否返回 0
isalpha(ch)	ch 是否是字母	
isdigit(ch)	ch 是否是数字	
islower(ch)	ch 是否是小写字母	
isupper(ch)	ch 是否是大写字母	
isspace(ch)	ch 是否是空格	
isprint(ch)	ch 是否是可打印字符	
ispunct(ch)	ch 是否是标点或空格	
tolower(ch)	将字母 ch 转小写字母	相应小写字母
toupper(ch)	将字母 ch 转大写字母	相应大写字母

9. 几个常用的转换函数

几个常用的转换函数见表 5.8。

表 5.8 几个常用的转换函数

函数名称	意 义	返 回
ltoa(num,str,radix)	将 radix 进制长整型数 num 转换为串 str	返回 str
itoa(num,str,radix)	将 radix 进制整型数 num 转换为串 str	返回 str
atoi(str)	将串转换为整型数	返回整型数
atol(str)	将串转换为长整型数	返回长整型数
atof(str)	将串转换为实数	返回实数

例 5－21　编程实现输入一行字符，统计其中有多少个单词，单词之间用空格分隔开。

分析　程序的关键是如何统计有几个单词，可以通过循环语句判断字符串数组中有几个空格实现，程序流程图如图 5.6 所示。

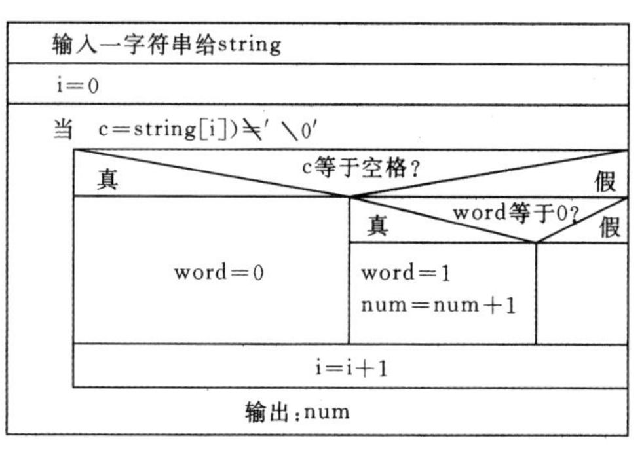

图 5.6　程序流程图

答案

```
#include <stdio.h>
void main()
{
    char string[81];
    int i,num = 0,word = 0;
    char c;
    gets(string);
    for (i = 0; (c = string[i]) ! = '\0'; i++)
        if (c ==' ') word = 0;
        else if (word == 0)
        {
            word = 1;
            num++;
        }
    printf("There are % d words in the line. \n",num);
}
```

例 5－22　编程实现有 3 个字符串，要求找出其中最大值。

分析　首先编程实现输入 3 个字符串，然后用 strcmp 比较两个字符串的大小，最后用大的字符串和另一个字符串比较，找出其中字符串。程序流程图如图 5.7 所示。

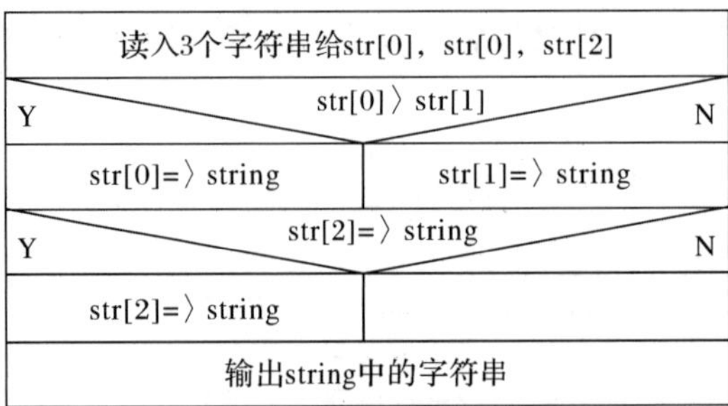

图 5.7　程序流程图

答案

```
#include<stdio.h>
#include<string.h>
void main()
{
    char string[20];
    char str[3][20];
    int i;
    for (i = 0; i < 3; i++)
        gets(str[i]);
    if (strcmp(str[0], str[1]) > 0)
        strcpy(string, str[0])
        else strcpy(string, str[1]);
    if (strcmp(str[2], string) > 0)
        strcpy(string, str[2]);
    printf("\nthe largest string is :
            \n % s\n", string);
}
```

5.4　习　　题

一、选择题

1. 下列数组说明中正确的是(　　)。

   A: int array[][4];　　B: int array[][];

   C: int array[][][5];　　D: int array[3][];

2. 下列语句中正确的是(　　)。

   A: static char str[]="China";

   B: static char str[]; str="China";

   C: static char str1[5],str2[]={"China"};str1=str2;

   D: static char str[];str2[];str2={"China"};strcpy(str1,str2);

3. 若定义 static int a[2][2]={1,2,3,4};,则 a 数组的各数组元素分别为(　　)。

A:a[0][0]=1,a[0][1]=2,a[1][0]=3,a[1][1]=4

B:a[0][0]=1,a[0][1]=3,a[1][0]=2,a[1][1]=4

C:a[0][0]=4,a[0][1]=3,a[1][0]=2,a[1][1]=1

D:a[0][0]=4,a[0][1]=2,a[1][0]=3,a[1][1]=1

4. 下列语句中不正确的是(　　)。

A:static int a[5]={1,2,3,4,5};

B:static int a[5]={1,2,3};

C:static int a[]={0,0,0,0,0};

D:static int a[5]={1,2,3,4,5,6};

5. 下列语句中不正确的是(　　)。

A:static int a[2][3]={1,2,3,4,5,6};

B:static int a[2][3]={{1},{4,5}};

C:static int a[][3]={{1},{4}};

D:static int a[][]={{1,2,3},{4,5,6}};

6. 下列语句中不正确的是(　　)。

A:static char []={"China"};

B:static char a[]="China";

C:char a[10];　printf("%s",a[0]);

D:char a[10];　scanf("%s",a);

7. 若输入 ab,程序运行结果为(　　)。

```
main()
{   static char [2];
    scanf("%s",a);
printf("%c,%c",a[1],a[2]);
}
```

A:a,b　　　　B:a,　　　　C:b,　　　　D:程序出错

8. 若有说明:int a[10];,则对数组元素的正确引用是(　　)。

A:a[10]　　　　B:a[3,5]　　　　C:a(5)　　　　D:a[10-10]

9. 数组元素下标的数据类型为(　　)。

A:整型常量、字符型常量或整型表达式

B:字符串常量

C:实型常量或实型表达式

D:任何类型的表达式

10. (　　)是正确的数组定义。

A:int n=10,x[n];　　　　B:int x[10];

C:int N=10;int x[N];　　　　D:int n;

```
scanf("%d",&n);
int x[n];
```

11. 若已定义 int arr[10];,则不能正确引用 arr 数组元素的是(　　)。

A:arr[0]　　B:arr[1]　　C:arr[10－1]　　D:arr[7＋3]

12. 若已定义 int x[4]＝{2,1,3};,则元素 x[1]的值为(　　)。

A:0　　B:2　　C:1　　D:3

13. 以下程序段运行后,x[1]的值为(　　)。

```
int x[5]={5,4,3,2,1};
x[1]=x[3]+x[2+2]-x[3-1];
```

A:6　　B:0　　C:1　　D:5

14. (　　)是合法的数组定义。

A:char str[ ]＝{48,49,50,51,52,53};

B:int a[5]＝{0,1,2,3,4,5};

C:int a[ ]＝"string";

D:char str[ ]＝'string';

15. 关于以下程序,说法正确的是(　　)。

```
    void main( )
  {
  char s[10]= "ajskdl",r[10];
      r=s;
      printf("%s\n",r);
  }
```

A:执行时输出:ajskdl　　B:执行时输出:a

C:执行时输出:aj　　D:编译不通过

16. 下面关于数组的叙述中,正确的是(　　)。

A:定义数组后,数组的大小是固定的,且数组元素的数据类型都相同

B:定义数组时,可不加类型说明符

C:定义数组后,可通过赋值运算符"＝"对该数组名直接赋值

D:在数据类型中,数组属基本类型

17. 下面关于字符数组的叙述中,错误的是(　　)。

A:可以通过赋值运算符"＝"对字符数组整体赋值

B:不可以用关系运算符对字符数组中的字符串进行比较

C:字符数组中的字符串可以整体输入/输出

D:字符数组可以存放字符串

18. 以下程序段的运行结果是(　　)。

```
int a[]={1,2,3,4},i,j;
j=1;
for(i=3;i>=0;i--)
    {a[i]=a[i]*j;
     j=j*3;
    }
for(i=0;i<4;i++)
     printf("%d  ",a[i]);
```

A:3 6 9 12　　B:18 12 9 4　　C:27 18 9 4　　D:54 18 9 4

19. 下面程序段的运行结果是(　　)。

```
int m[]={5,8,7,6,9,2},i=1;
    for(i=0;i<6;i++)
        {if(i % 2 ! =0)
            m[i]+=10;
        }
    for(i=0;i<6;i++)
        printf("%d  ",m[i]);
```

A:518　7　16　9　12　　B:15　18　17　16　19　12

C:15　8　17　6　19　2　　D:5　87　6　9　2

20. 不能对二维数组 a 进行正确初始化的语句是(　　)。

A:int a[3][2]={{1,2,3},{4,5,6}};

B:int a[3][2]={{1},{2,3},{4,5}};

C:int a[][2]={{1,2},{3,4},{5,6}};

D:int a[3][2]={1,2,3,4,5};

二、填空题

1. int　a[10];表示数组 a 里有________个元素。

2. int　a[10];,则分配给数组 a 的存储空间是________个字节。

3. int　a[10];,则数组 a 首地址存放的元素是________。

4. int　a[]={1,2,5,0,6,7};表示数组 a 里有________个元素。

5. int　a[]={1,2,3,4,5,6};,则 a[2]=________。

6. int　a[6]={0};,则 a[2]=________。

7. int　a[2][3];表示数组 a 里有________个元素。

8. int　a[][3]={1,2,3,4,5,6};表示数组 a 里有________行元素。

9. int　a[][3]={{0},{2,3},{4,5,6}};表示数组 a 里有________行元素。

10. int a[][3]={1,2,3,4,5,6};,则 a[1][1]=________。

11. int a[][4]={0,0,0};表示数组 a 里有________行元素。

12. char c[]="I am happy";,则 c[3]=________。

13. char c[]="China";,输出字符串 c 为________。

14. 下面程序段的输出结果是________。

```
char str1[]="ABC";
char str2[]="123";
printf("%s",strcat(str1,str2));
```

15. 下面程序段的输出结果是________。

```
char str1[]="ABCDEF";
char str2[]="123";
printf("%s",strcpy(str1,str2));
```

16. 下面程序段的输出结果是________。

```
char str1[]="ABCDEF";
printf("%d",strlen(str));
```

17. 下面程序段的输出结果是________。

```
int i,a[10];
for(i=0;i<10;i++)
{
  a[i]=3*i+1;
}
printf("%5d",a[3]);
```

18. 下面程序段执行后,s=________。

```
float b[]={0.5,1.6,2.7,3.8,4.9,5,6.1,6.2,7.3,8.4},s;
int i;
for(i=1,s=0;i<9;i++)
{
  if(i%2)     s+=(int)b[i];
}
printf("s=%.1f",s);
```

19. 设已定义:char str1[20]="Hello",str2[20]="world!";,若要形成字符串"Hello world!",正确语句是________。

20. 以下程序段运行后,屏幕的输出结果是________。

```
char str[80];
strcpy(str,"computer");
printf("%d",strlen(str));
```

三、操作题

1. 输入 10 个分数，去掉最高分和最低分后求平均分，保留一位小数。

2. 输入 10 个数，采用冒泡排序方法对这 10 个数按升序排序，输出排序结果。

3. 输入 10 个数，采用改进的冒泡排序方法对这 10 个数按升序排序并输出。[所谓改进就是当排序过程中某次排序没交换数据(说明数据是有序的)，提前终止排序。]

4. 已知数组声明为 int a[6] = {10, 20, 30, 40, 50};，前 5 个数组元素是按升序排列的，输入一个整数并插入数组 a 中，要求 6 个数组元素是按升序排列的，输出数组。

5. 一个基于单片机的单位时间内人员流动采集系统，不同的时间段采集了 10 个数据保存到了数组 t 中，求人数最少的时候多少人，并求出对应的时间段(数组序号)。采集的数据通过键盘输入进行模拟。

第 6 章 函　　数

相信读者都大致了解数学中“函数”的概念，如“$y=f(x)$”。且不论 f 的具体形式如何，其基本特点是“对一个 x（输入），有一个 y（输出）与之对应”。C 语言中，“函数”是一个重要的概念，是模块化编程的基础。

C 语言被称为函数式语言，是因为函数是 C 源程序的基本模块，通过对函数模块的调用实现特定的功能。实用程序往往由多个函数组成，其中的主函数 main 是必需的而且是唯一的。用户还可把自己的算法编成一个个相对独立的函数模块，然后用调用的方法来使用函数，可以说 C 程序的全部工作都是由各式各样的函数完成的，从而使程序的层次结构清晰。本章就函数基础知识、变量的作用域与存储类别进行一一介绍。

6.1 函数基础

编程实践丰富了就会发现一个问题，一些通用的操作，如交换两个变量的值、对一组变量进行排序等，可能在多个程序中都会用到。不仅如此，在单独一个程序中也可能会对某个代码段执行多次。如果在每次执行时都把代码段写一次，不仅会让程序变得很长，而且也会使程序变得难以理解，使代码可读性下降。

函数概述

为了解决以上问题，C 语言将程序按功能分割成一系列的小模块。所谓“小模块”，可理解为完成特定功能的可执行代码的集合，即“函数”。

6.1.1 函数概念

C 源程序是由函数组成的。函数是 C 源程序的基本模块，通过定义函数模块实现特定的功能，通过调用函数完成特定的功能。实用程序往往包括一个主函数 main 和若干其他函数。其中主函数 main 是必需的，它是程序执行的起点。由主函数调用其他函数，其他函数也可以互相调用，同一函数可以被一个或多个函数调用任意多次。

需要明确指出以下几点：

(1)一个 C 程序可以有多个源程序文件，多个源程序文件组成一个 C 程序，这样便于分别编写，分别编译，提高调试效率，同时一个源程序文件可为多个 C 程序共用。

(2)一个源程序文件由一个或多个函数及其相关内容(如数据定义等)组成,一个源程序文件是一个基本的编译单位。

(3)C程序的执行从主函数 main 开始,可以调用其他函数(习惯上把调用者称为主调函数,被调用者称为被调用函数),而不允许被其他函数调用,只能由系统调用。其他函数之间可以互相调用,同一函数可以被一个或多个函数调用任意多次。调用后流程返回主调函数,最后函数在 main 中结束。因此,一个C源程序必须也只能有一个主函数 main。

(4)所有函数(包括主函数)都是平行的,在定义时是分别进行的,相互独立,无从属关系,不可嵌套定义。但函数可以自己直接或间接调用自己,称为递归调用。

例 6-1 编写程序,求 $\sqrt{x}$ 的值。

分析 一定要加上头文件#include“math.h”。math.h是数学头文件,sqrt函数是其中一个,其功能是开2次方。

答案

```
#include "stdio.h"
#include"math.h"
{int x;double y;
scanf("%d",&x);
y=sqrt(x);
printf("%f",y)}
```

例 6-2 编写程序,求 a^3 的值。

分析 一定要加上头文件#include“math.h”。math.h是数学头文件,pow函数是其中一个,其功能是3次方。

答案

```
#include "stdio.h"
#include"math.h"
{int a,b;;
scanf("%d",&a);
b=pow(a);
printf("%d",b)}
```

6.1.2 函数定义

C语言函数定义的一般形式如下:

```
函数返回值类型标识符 函数名(形参类型1  形参名称1,形参类型2  形参名称2,…)
{
声明部分
执行语句部分
}
```

关于函数定义各部分要素说明如下:

函数自定义

(1)函数的第一行称为“函数首部”(或函数头);函数首部下用{ }括起来的部分为“函数体”。函数体一般包括声明和执行语句两大部分。

(2)函数头(首部):包含了函数类型、函数名称及形参列表。

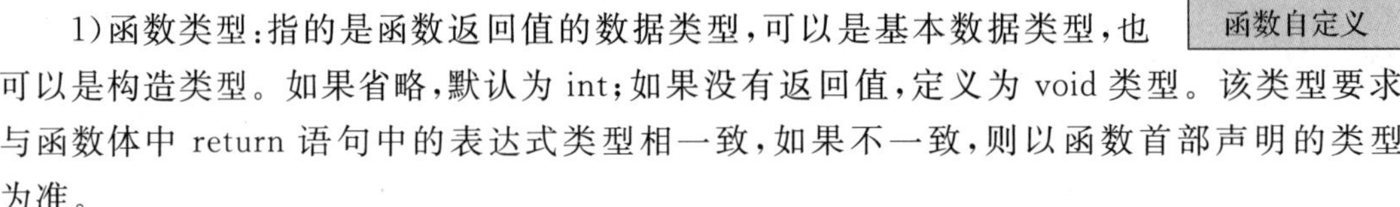

1)函数类型:指的是函数返回值的数据类型,可以是基本数据类型,也可以是构造类型。如果省略,默认为int;如果没有返回值,定义为void类型。该类型要求与函数体中return语句中的表达式类型相一致,如果不一致,则以函数首部声明的类型为准。

2)函数名:是给函数取的名字,以后用这个名字调用。函数名由用户命名,命名规则同用户标识符,一般首字母大写。

3)形参列表:是函数名后面()内的参数列表。无参函数没有参数,但()不能省略,这是格式的规定。参数列表说明形式参数的数据类型和形式参数的名称,类型和名称之间用空格间隔,各个形式参数用“,”分隔。

(3)函数体:是函数功能的实现,也可以是空的,即使函数只是一个空函数(没有函数体),{}也不能省略。

1)声明部分:在这部分定义本函数所使用的数据和进行有关声明(如声明本函数中要调用的其他函数)。这些数据只在本函数被调用时开辟存储单元,当退出函数时,这些临时的存储单元全部释放。因此,这些数据只在函数内部起作用,与其他函数的变量互不相干,即使同名也没关系。函数体中的声明部分和main函数中一样,总是放在其他可执行语句之前。

2)执行语句部分:程序段,由若干条语句组成(可以在其中调用其他函数),完成函数所需的功能。一般在函数执行语句部分的结尾,出现函数返回值的return语句。

3)函数的返回值:是指函数被调用之后,执行函数体中的程序段所取得的并返回给主调函数的值,如调用正弦函数取得正弦值。函数返回值通过return语句返回主调函数。return语句的一般形式有如下三种:

```
return 表达式;
return(表达式);
return;
```

该语句的功能是计算表达式的值,并将值返回给主调函数的“函数调用处”,程序的流程也返回到主调函数,并退出被调用函数。在函数中允许有多个return语句,但每次调用只能有一个return语句被执行,该return语句之后其他语句不再执行,因此只能返回一个函数值。第三种形式的return语句不含表达式,它与函数类型void相对应,此时的return语句只是使流程返回主调函数,并没有返回值。这种情况下的return语句可以省略不写,程序的流程就一直执行到函数末尾的“}”,然后返回主调函数。

例6-3 C语言中,函数值类型的定义可以缺省,此时函数值的隐含类型是________。

分析 本题考查的是函数值的类型。C语言规定,凡不加类型说明的函数,一律自动按整型int处理。

答案

整型int

例6-4 判断:C语言中,函数体是不可以空的。

分析 本题考查的是函数体的定义。C语言规定,函数体:是函数功能的实现,也可以是空的,即使函数只是一个空函数(没有函数体),{}也不能省略。

答案

错误

6.1.3 函数声明及调用

1.函数声明

函数声明1

一个函数调用另一个函数,须具备以下条件:

(1)被调用的函数已存在。

(2)如果被调函数为库函数,则应在文件开头用"#include"命令声明相应的"头文件"。

(3)如果被调函数为自定义函数且其定义在主调函数定义之后,则应在主调函数中说明其类型(即对被调用函数进行声明)。

在主调函数中调用某函数之前应对该被调函数进行说明(声明),这与使用变量之前要先进行定义是一样的。在主调函数中对被调函数作声明的目的是使编译系统知道与该函数有关的信息,让编译器知道函数的存在和存在的形式,即使暂时没有看到函数定义,编译器也知道如何使用它。

函数声明的一般形式为:

```
函数类型说明符 被调函数名(类型 形参名,类型 形参名,…);
```

或为:

```
函数类型说明符 被调函数名(类型,类型,…);
```

括号内给出了形参的类型和形参名,这里的形参名完全是虚设的,它们可以是任意的用户标识符,既不必与函数首部中的形参名一致,又可以与程序中的任意用户标识符同名,甚至可以省略形参名。而函数类型说明符必须与函数定义时的类型相一致。有了函数声明,函数定义就可以出现在任何地方了。

函数声明2

函数声明给出了函数名、返回值类型、参数列表(参数类型)等与该函数有关的信息,称为函数原型。函数声明一般以独立语句的形式出现(注意函数声明后面带有分号)。当函数声明出现在所有函数外部时,在函数声明的后面所有位置都可以调用该函数;当函数声明出现在主调函数内部时,只能在主调函数内识别调用该函数。

区别:函数的定义和声明不是一回事。定义是对函数功能的确立,包括指定函数名、函数值类型、形参及其类型、函数体等,它是一个完整的、独立的函数单位。而函数的声明是把函数的名字、函数类型以及形参的类型、个数和顺序等信息通知编译系统,以便在调用时进行对照检查。

2. 调用函数

程序是通过对函数的调用来执行函数的,C语言中,函数调用的一般形式为:

```
函数名(实际参数表);
```

对无参函数,尽管没有实参,但()不能省略。实际参数表中的参数可以是常数、变量或其他构造类型数据及表达式,各实参之间用逗号分隔。

函数调用1

(1)函数调用时的参数传递。在调用函数时,有参函数主调与被调函数间有数据传递关系。在定义函数时,函数名后面括号中的变量名称为"形式参数"。在主调函数中调用一个函数时,函数名后面括号中的参数称为"实际参数"。

发生函数调用时,调用函数首先计算实参表达式的值,然后把实参的值复制一份,传送给被调用函数的形参,从而实现调用函数向被调用函数的数据传送。

关于实参、形参及参数传递的几点说明:

1)形参变量在被调用前不占用存储单元;在被调用结束后,形参所占存储单元亦被释放。因此,形参只有在该函数内有效。调用结束,返回调用函数后,则不能再使用该形参变量。

2)实参可以是常量、变量、表达式、函数调用等。无论实参是何种类型的量,在进行函数调用时,它们都必须具有确定的值,以便把这些值传送给形参。因此,应预先用赋值、输入等办法,使实参获得确定的值。

3)实参对形参的数据传送是单向的,即只能把实参的值传送给形参,而不能把形参的值反向地传送给实参。因此,对函数而言,形参是函数的"输入"。

4)实参和形参占用不同的内存单元,即使同名也互不影响。在函数执行时,形参值发生变化也不会影响实参的值。

5)在定义函数时指定了形参的类型,实参和形参的类型应相同或与赋值兼容。实参与形参的个数应相同。

6)函数调用执行结束后,函数将返回值和流程都送回主调函数。

(2)函数调用的使用方式。

在C语言中,可以用以下几种方式调用函数:

1)函数表达式:函数作为表达式中的一部分出现在表达式中,以函数返回值参与表达式的运算。这种方式要求函数是有返回值的。例如:c=Min(a,b)是一个赋值表达式,把调用

函数调用2

Min 的返回值赋予变量 c。

2)函数语句:函数调用直接加上分号即构成函数语句。例如,printf("%d",a);,scanf("%d",&b);,Swap(a,b);都是以函数语句的方式调用函数的。这种使用中,仅进行某些操作,而不返回函数值。

3)函数实参:函数作为另一个函数调用的实际参数出现。这种情况是把该函数的返回值作为实参进行传送,因此要求该函数必须是有返回值的。例如,printf("%d",Min(a,b));即是把调用 Min 的返回值又作为 printf 函数的实参来使用的,又如 Min(Min(a,b),c)。在函数调用中还应该注意参数求值顺序的问题。所谓求值顺序是指对实参表中各量是自左至右使用,还是自右至左使用。对此,各编译系统的规定不一定相同,在 VC++ 6.0 中,实参表中各量自右向左计算。

例 6-5　若有函数首部"int fun(double x[10], int *n)",则下列函数声明语句中正确的是________。

A:int fun(double, int)

B:int fun(double *, int *);

C:int fun(double * x, int n);

D:int fun(double x; int *n);

分析　本题函数的两个形参一个是指针,一个是数组;实际运用的时候都是把首地址传给函数。函数申明的时候形参名可以省略;选项 D 的 x,选项 A 的两个参数,选项 C 的 n 都是传值调用,所以错误。

答案

B

例 6-6　在调用函数时,若实参是简单变量,它与对应形参之间的数据传递方式是________。

分析　本题这里的简单变量应该是指内置类型,内置类型数据在传入函数时,使用值传递方式的效率要高于引用传递和指针传递,因此编译器会采用效率最高的方式来实现参数传递,所以应该是单向值传递。

答案

单向值传递

6.1.4　函数的使用

1. 库函数的使用

标准 C 语言(ANSIC)共定义了 15 个头文件,称为"C 标准库",所有的编译器都必须支持。这些标准库内提供了丰富的库函数。

递归调用1

在调用每一类库函数时，用户应该在 include 命令中包含相应的头文件，例如要使用已经熟知的 printf、scanf 函数，就要在程序开头写上 #include＜ stdio. h ＞，要使用 sqrt 函数，就要在程序开头写上 #include ＜math. h＞。

include 命令以 # 开头，用以包含 .h 扩展名的头文件，文件名用＜＞或“”括起来。注意，include 命令行不是 C 语句，不要加分号。

头文件中包含的都是函数原型，而不是函数定义。在包含了头文件后，通过查阅相关技术资料或者这些库函数的原型，就可以直接使用里边的库函数了。

递归调用2

2. 递归调用函数

在调用一个函数的过程中又出现直接或间接地调用该函数本身，称为函数的递归调用。C 语言的特点之一就在于允许函数的递归调用。在递归调用中，主调函数又是被调函数。执行递归函数将反复调用其自身，每调用一次就进入新的一层。

例 6－7　在函数调用过程中，如果函数 funA 调用了函数 funB，函数 funB 又调用了函数 funA，则________。

A：称为函数的直接递归调用

B：称为函数的间接递归调用

C：称为函数的循环调用

D：C 语言中不允许这样的递归调用

分析　本题考查的知识点是函数递归调用的基本概念，题目中所说的函数调用为函数的间接递归调用。

答案

B

例 6－8　在调用函数时，如果实参是简单变量，它与对应形参之间的数据传递方式是(　　)。

A：地址传递

B：单向值传递

C：由实参传给形参，再由形参传回实参

D：传递方式由用户指定

分析　本题考查的知识点是函数调用的基本概念，实参和形参占用不同的内存单元，传递完不再有任何联系。

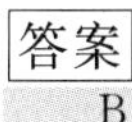
答案

B

6.2 变量的作用域与存储类别

变量作用域

在讨论函数的形参变量时曾经提到，变量只有在函数内才是有效的，离开该函数就不能再使用了，这种变量有效性的空间范围称为变量的“作用域”；同时在时间方面，形参变量只在被调用时才分配内存单元，调用结束立即释放，这种变量有效性的时间范围称为变量的“生存期”。

不仅对于形参变量，C语言中所有的量都有自己的作用域和生存期。变量的“作用域”和“生存期”，是由变量定义的位置以及存储类别说明符共同确定，按作用域范围可分为两种，即局部变量和全局变量，而与存储类别有关的说明符有4个，即auto(自动的)、register(寄存器的)、static(静态量的)、extern(外部的)。

6.2.1 变量的作用域

局部变量

1.局部变量

局部变量是在一个函数内部定义或者复合语句内部定义的变量，也叫内部变量，它的作用域只限本函数范围内或本复合语句范围内，也就是说，只有在本函数内或本复合语句内才能使用它们，离开这个范围是不能使用这些变量的。例如：

```
int f1(int a)          /* 变量a、b的作用域在函数f1内 */
{
int b;
...
{
...
int c;                 /* 变量c的作用域在复合语句内 */
...
}
...
}
int main()             /* 变量m、n的作用域在主函数main内 */
{
int m,n;
}
```

在函数f1内共定义了3个变量，a为形参，b为一般变量，c为复合语句内定义的变量。在f1的范围内a,b有效，或者说a,b变量的作用域限于f1内，而c变量的作用域仅限于复合语句内部，m,n的作用域限于main函数内。

2.全局变量

全局变量也称为外部变量,它是在所有函数之外定义的变量。它不属于哪一个函数,它属于一个源程序文件。全局变量默认的作用域是从变量定义的位置开始,到整个源文件结束,而生存期是整个程序运行期间。因此,如果在程序某处对全局变量值有修改,则在此之后使用该全局变量将是它的新值。

```
int a, b;              /*外部变量a、b,作用域从这里开始到程序结束*/
void f1()
{
…
}
float x, y;/*外部变量x,y,作用域从这里开始到程序结束*/
int f2()
{
…
}
int main()
{
…
}
```

从上例可以看出a,b,x,y都是在函数外部定义的外部变量,都是全局变量。但x,y定义在函数f1之后,而在f1内无对x和y的说明,所以它们在f1函数内无效。a和b定义在源程序最前面,因此在f1,f2及main函数内不加说明也可使用。

全局变量

如果同一个源文件中,全局变量与局部变量同名,则在局部变量的作用范围内,外部变量被"屏蔽",即在此范围内只有局部变量起作用。

例6-9　在一个C语言源文件中所定义的全局变量,其作用域为________。

A:由具体定义位置和extern说明来决定范围

B:所在程序的全部范围

C:所在函数的全部范围

D:所在文件的全部范围

分析　一个C语言源程序文件中所定义的全局变量其作用域是文件,即是说,在该源程序文件内该变量可见,而在文件外则不可见。

答案

D

例 6-10　判断:局部变量只有在本函数内或本复合语句内才能使用它们,离开这个范围是不能使用这些变量的。

分析　局部变量是在一个函数内部定义或者复合语句内部定义的变量,也叫内部变量,它的作用域只限本函数范围内或本复合语句范围内,也就是说,只有在本函数内或本复合语句内才能使用它们,离开这个范围是不能使用这些变量的。

答案

正确

6.2.2　变量的存储类别

内存中供用户使用的存储空间分为代码区与数据区两个部分。变量存储在数据区,数据区又可分为静态存储区与动态存储区。

静态存储是指在程序运行期间给变量分配固定存储空间的方式。如全局变量就存放在静态存储区中,程序运行时分配空间,程序运行完才释放。对于静态存储方式的变量可在编译时初始化,默认初值为 0 或空字符。动态存储是指在程序运行时根据实际需要动态分配存储空间的方式。如形式参数存放在动态存储区中,在函数调用时分配空间,函数调用完成立即释放。对动态存储方式的变量如不赋初值,则它的值是一个不确定的值。

在 C 语言中,具体的存储类别有自动的(auto)、寄存器的(register)、静态的(static)及外部的(extern)四种说明符。静态存储类别与外部存储类别变量存放在静态存储区,自动存储类别变量存放在动态存储区,寄存器存储类别变量直接送寄存器。在 C 语言中,每个变量和函数有两个属性:数据类型和数据的存储类别。这些存储类别说明符通常与类型名同时出现,既可放在类型名前,又可放在类型名后。

自动变量

1. auto 变量

函数中的局部变量,如果不特意声明为 static 存储类别,都是动态地分配存储空间的,数据存储在动态存储区中。函数中的形参和在函数中定义的变量(包括在复合语句中定义的变量)都属此类,在调用该函数时系统会给它们分配存储空间,在函数调用结束时就自动释放这些存储空间。对它们分配和释放存储空间的工作是由编译系统自动处理的,这类局部变量称为自动变量。自动变量用关键字 auto 作存储类别的声明。例如:

```
int f(int a)                    /*定义 f 函数,a 为参数*/
{
auto int b, c=2;                /*定义 b、c 自动变量*/
…
}
```

a 是形参,b,c 是自动变量。执行完 f 函数后,自动释放 a,b,c 所占的存储单元。关键字 auto 一般可以省略,auto 不写则隐含定为"自动存储类别",属于动态存储方式。

自动型的变量的初值在每次进入函数体时获得，上例中的形参a从实参处获值，变量b没有初始化语句，则每次b都有一个不确定的值，而变量c每次都重新初始化为2。这类自动型的局部变量的最突出优势就是：不同函数内使用了同名变量也互不影响，因为它们有不同的作用域，所以存在时间也互不相同。

2. register 变量

如果有一些变量使用频繁，为提高执行效率，C语言允许将局部变量的值放在运算器中的寄存器中，需要时直接从寄存器取出参加运算，不必再到内存中去存储，这样可以提高执行效率。这种变量叫"寄存器变量"，用关键字 register 作说明。

寄存器变量

寄存器变量也是自动类的变量，它与自动变量的区别是：register 变量被建议将变量值保存在 CPU 寄存器内，而普通的 auto 变量值保存在内存中。需要注意以下事项：

(1) register 说明符只是对编译程序的一种建议，不是强制性的。

(2) CPU 寄存器大小有限，因此只能说明少量的寄存器变量。

(3) 由于 register 变量不在内存中，因此 register 变量不能进行求地址运算。

3. static 变量

局部变量加上 static 说明符时，则该变量成为静态局部变量。将一个局部变量声明为静态的，其作用域没有发生变化，但生存期发生了变化：静态局部变量存在于整个程序运行期间。

对静态局部变量和自动局部变量的区别说明如下。

(1) 静态局部变量属于静态存储类别，在静态存储区内分配存储单元，在程序整个运行期间不释放。而自动变量（即局部动态变量）属于动态存储类别，占动态存储区空间，而不占固定空间，函数调用结束后即释放。

静态变量

(2) 静态局部变量是在编译时赋初值的，即只赋初值一次，在程序运行时它已有初值，以后每次调用函数时不再重新赋初值，而只是保留上次函数调用结束时的值。而对自动变量赋初值，不是在编译时进行的，而是在函数调用时进行的，每调用一次函数重新赋给一次初值，相当于执行一次赋值语句。

(3) 如果在定义局部变量时不赋初值，则对静态变量来说编译时自动赋初值为0。而对自动变量来说，如果不赋初值，则它的值是不确定的。

(4) 虽然静态局部变量在函数调用结束后仍然存在，但其他函数是不能引用它的。

基于静态局部变量这种特性，如果希望函数中的局部变量的值在函数调用结束后不消失而保留原值，在下一次该函数调用时可继续使用，就可以指定该局部变量为"静态局部变量"，用 static 加以说明。

4. extern 变量

全局变量是在函数的外部定义的，它的作用域为从变量定义处开始，到本程序文件的末尾。如果外部变量不在文件的开头定义，那么其有效的作用范围只限于定义处到文件终了。

如果在定义点之前的函数想使用该全局变量,则应该在引用之前用关键字 extern 对该变量作声明,表示该变量是一个已经定义的全局变量。有了此声明,就可以从“声明”处起,合法地使用该外部变量。

对全局变量的定义和全局变量的声明的区别说明如下。

外部变量

(1)全局变量的定义只能有一次,它的位置在所有函数之外,而同一文件中的全局变量的声明可以有多次,哪里有需要就可以在哪里声明。

(2)系统根据全局变量的定义(而不是根据全局变量的声明)分配存储单元。对全局变量的初始化只能在“定义”时进行,而不能在“声明”中进行。

(3)所谓“声明”,其作用是声明该变量是一个已在外部定义过的变量,仅仅是为了使用该变量而作的声明。

通过 extern 说明符扩大全局变量的作用域,不仅适用于同一源文件(同一编译单位)内。当一个程序由多个编译单位组成,并且多个文件中需要使用同一个全局变量时,如果在多个文件中都定义同名全局变量,则会产生“重复定义”错误。解决办法就是:在其中之一的文件中定义所有全局变量,而在其他需要使用这些全局变量的文件中用 extern 对这些变量进行声明,通知编译程序不必再为它们分配存储单元了。

与之相反,如果用 static 说明符说明全局变量,则该全局变量只限于本编译单位使用,不能被其他编译单位使用了,称之为静态全局变量。

5. 变量的存储分类

C 语言的函数本质上都是外部的,因为所有函数都在其他函数之外定义(C 语言不允许嵌套定义函数)。在定义函数时,可以使用 extern 或 static 说明符。

存储分类

在定义函数时,若在函数返回值类型前面加上 extern 说明符,则称此函数为外部函数。extern 说明符一般省略不写。外部函数可以被其他编译单位所调用,当在其他编译单位调用本函数时,应当在调用语句前的函数声明中用 extern 加以说明。

在定义函数时,若在函数返回值类型前面加上 static 说明符,则称此函数为静态函数。静态函数只限于本编译单位的其他函数调用,而不可以被其他编译单位所调用。因此,静态函数可视作文件的“内部函数”。

例 6-11　在 C 语言中,只有在使用时才占用内存单元的变量,其存储类型是(　　)。

A:auto 和 static

B:extern 和 register

C:auto 和 register

D:static 和 register

分析　在 C 语言中,动态存储区域中存放的变量在使用时才分配内存空间,函数调用时返回的地址和自动类局部变量等存放在动态存储区域中。auto 变量和 register 变量都属于自动类局部变量，因此选项C正确。static说明的变量为静态变量，静态变量在内存的静态存储中占据着永久的存储单元，直至程序运行结束。extern说明的变量为外部变量，属于全局变量，全局变量在整个程序运行期间都占用内存空间。

答案

C

例6-12　判断：C语言程序的基本单位是函数。

分析　在C语言中，函数构成了C语言程序。

答案

正确

6.3 习　　题

一、选择题

1. 有如下程序，程序运行的结果是(　　)。

```
#include"stdio.h"
int fun(int a,intb)
{
if(b==0) return a;
else return (fun(--a,--b));
}
int main()
{
printf("%d\n",fun(4,2));
}
```

A:1　　B:2　　C:3　　D:4

2. 若函数调用时的实参为变量，则以下关于函数形参和实参的叙述中正确的是(　　)。

A:函数的实参和其对应的形参共占同一存储单元

B:形参只是形式上的存在，不占用具体存储单元

C:同名的实参和形参占同一存储单元

D:函数的形参和实参分别占用不同的存储单元

3. 若用数组名作为函数调用的实参，则传递给形参的是(　　)。

A:数组的首地址　　B:数组的第一个元素的值

C:数组中全部元素的值　　D:数组元素的个数

4. 在C语言中以下不正确的说法是(　　)。

A:实参可以是常量、变量或表达式

B:形参可以是常量、变量或表达式

C:实参可以为任意类型

D:形参应与其对应的实参类型一致

5. 以下关于函数的叙述中,错误的是(　　)。

A:函数未被调用时,系统将不为形参分配内存单元

B:实参与形参的个数应相等,且实参与形参的类型必须对应一致

C:当形参是变量时,实参可以是常量、变量或表达式

D:形参可以是常量、变量或表达式

6. 以下正确的说法是(　　)。

A:函数的定义可以嵌套,但函数的调用不可以嵌套

B:函数的定义不可以嵌套,但函数的调用可嵌套

C:函数的定义和调用均不可以嵌套

D:函数的定义和调用均可以嵌套

7. C语言规定,在一个源程序中main函数的位置(　　)。

A:必须在最开始

B:必须在系统调用的库函数的后面

C:可以任意

D:必须在最后

8. C语言规定,程序中各函数之间(　　)。

A:既允许直接递归调用也允许间接递归调用

B:不允许直接递归调用也不允许间接递归调用

C:允许直接递归调用不允许间接递归调用

D:不允许直接递归调用允许间接递归调用

9. 若函数调用时,用数组名作为函数的参数,则以下叙述中正确的是(　　)。

A:实参与其对应的形参共用同一段存储空间

B:实参与其对应的形参占用相同的存储空间

C:实参将其地址传递给形参,同时形参也会将该地址传递给实参

D:实参将其地址传递给形参,等同实现了参数之间的双向值的传递

10. 一个函数的返回值类型由(　　)确定。

A:return语句中的表达式

B:调用时函数的类型

C:定义函数时指定的函数返回值的类型

D:主调用函数的类型

二、判断题

1. 函数声明只能放在函数内部。(　　)

2. 函数必须先声明才能使用。(　　)

3. 函数根据参数个数可以分为有参函数与无参函数。(　　)

4. 递归调用可以说是一种特殊的嵌套调用。(　　)

5. 递归调用就是在程序中自己调用自己。 (   )

6. 函数调用采用地址传递时,形参的改变会影响到实参。 (   )

7. 函数调用中参数传递分为值传递与地址传递。 (   )

8. 一个函数中可以有多个 return。 (   )

9. 函数可以声明很多次。 (   )

10. 函数声明需要分配存储空间。 (   )

11. 函数可以定义很多次。 (   )

12. 函数定义的时候不分配存储空间。 (   )

13. 在程序中 main 函数能放在源程序最顶部。 (   )

14. 程序在执行的时候先执行库函数再执行自定义函数。 (   )

15. 通常情况下函数分为标准函数与自定义函数。 (   )

16. 一个程序可以有两个 main 函数。 (   )

17. 在运用递归调用时,必须要有明确的停止条件。 (   )

18. 实参可以为常量、变量、表达式或数组元素。 (   )

三、操作题

1. 用递归调用实现函数 $F(x)=x!$。

操作题1

2. 已知某单片机设计的超声波测距系统,晶振频率为 12MHz,每个脉冲,定时器计数一次,定时器初值为 0,接收到超声波时刻读数为 t(未溢出),编写一个函数实现返回以毫米(mm)为单位的测试距离(声速:340m/s)。

第7章 指　　针

指针是C语言中一个重要的概念，也是C语言的一个重要创新和特色，是C语言的灵魂与精华。正确而灵活地运用它，可以使程序简捷、高效。

指针是C语言学习中最为困难的一部分，但只要在学习中正确理解基本概念，多编程、多上机实践、多讨论多思考，是能较好地掌握指针部分的。学习本章后读者将学会利用指针来操作数据、利用指针作为函数参数等，真正地体会到C语言的特色与强大之处。

7.1 指针基础

7.1.1 指针及指针变量

1. 指针的基本概念

在计算机中，所有的数据都是存放在存储器中的。一般把内存储器中的一个字节称为一个内存单元，不同的数据类型所占用的内存单元数不同，如整型量占2或4个单元，字符量占1个单元等，在前面已有详细的介绍。为了正确地访问这些内存单元，必须为每个内存单元编上号。根据一个内存单元的编号即可准确地找到该内存单元。内存单元的编号也叫作地址。由于根据内存单元的编号或地址就可以找到所需的内存单元，所以通常也把这个地址称为指针。内存单元的指针和内存单元的内容是两个不同的概念。可以用一个通俗的例子来说明它们之间的关系。我们到银行去存款时，银行工作人员将根据账号去找存款单，找到之后在其上写入存款的金额。在这里，账号就是存款单的指针，存款数是存款单的内容。对于一个内存单元来说，单元的地址即为指针，其中存放的数据才是该单元的内容。在C语言中，允许用一个变量来存放地址或指针，这种变量称为指针变量。因此，一个指针变量的值就是某个内存单元的地址或称为某内存单元的指针。

一个指针是一个地址，是一个常量。而一个指针变量却可以被赋予不同的指针值，是变量。但常把指针变量简称为指针。为了避免混淆，约定"指针"是指地址，是常量，"指针变量"是指取值为地址的变量。定义指针的目的是为了通过指针去访问内存单元。

指针及指针变量介绍

既然指针变量的值是一个地址，那么这个地址不仅可以是变量的地址，也可以是其他数据结构（如数组、结构体、函数、共用体等）的地址。在一个指针变量中存放一个数组或一个函数的首地址有何意义呢？因为数组或函数都是连续存放的。通过访问指针变量取得了数组或函数的首地址，也就找到了该数组或函数。这样一来，凡是出现数组、函数的地方，都可以用一个指针变量来表示，只要为该指针变量赋予数组或函数的首地址即可。这样做将会使程序的概念十分清楚，程序本身也精练、高效，并具有通用性与灵活性。在C语言中，一种数据类型或数据结构往往都占有一组连续的内存单元。用“地址”这个概念并不能很好地描述一种数据类型或数据结构，而“指针”虽然实际上也是一个地址，但它却是一个数据结构的首地址，它是“指向”一个数据结构的，因而概念更为清楚，表示更为明确。这也是引入“指针”概念的一个重要原因。

2. 指针变量的定义

变量的指针就是变量的地址，存放变量地址的变量是指针变量，即在C语言中，允许用一个变量来存放指针，这种变量称为指针变量。因此，一个指针变量的值就是某个变量的地址或称为某变量的指针。

为了表示指针变量和它所指向的变量之间的关系，在程序中用“ * ”符号表示“指向”，例如 i_pointer 代表指针变量，而 * i_pointer 是 i_pointer 所指向的变量。因此下面两条语句作用相同：

```
i=5;
*i_pointer=5;//假设 i_pointer 已指向 i，即有 i_pointer=&i;
```

第二条语句的含义就是将5赋给指针变量 i_pointer 所指向的变量。

对指针变量的定义包括以下三个内容。

(1)指针类型说明，即定义变量为一个指针变量。

(2)指针变量名。

(3)指针所指向的变量的数据类型。

其一般形式为：

```
类型说明符    *变量名;
```

其中，* 表示这是一个指针变量，变量名即为定义的指针变量名，类型说明符表示本指针变量所指向的变量的数据类型，该数据类型一般是一个指针的基本类型。例如：

```
int *p1;
```

表示 p1 是一个指针变量，它的值是某个整型变量的地址。或者说，p1 可指向某一个整型变量。至于 p1 究竟指向哪一个整型变量，应由向 p1 赋予的地址来决定。再例如：

```
int      *ip;       //*ip 是指向整型变量的指针变量
float    *fp;       //*fp 是指向浮点型变量的指针变量
char     *cp;       //*cp 是指向字符型变量的指针变量
```

值得注意的是，一个指针变量只能指向同类型的变量，如 fp 只能指向浮点型变量，不能时而指向一个浮点型变量，时而又指向一个整型变量。

7.1.2 指针变量的引用

指针变量和普通变量一样，使用之前不仅要定义说明，而且必须赋予具体的值，指针变量的赋值只能赋予地址，决不能赋予其他数据，否则将引起错误。在C语言中，变量的地址是由编译系统分配的，对用户完全透明，用户不知道变量的具体地址，可使用取地址运算符获取变量地址。

1. 两个指针运算符

要熟练掌握两个有关的运算符：

(1)&：取地址运算符。取地址运算符 & 是单目运算符，其结合性为自右至左，其功能是取变量的地址。在 scanf 函数及介绍指针变量赋值中，我们已经了解并使用了 & 运算符，如 &a 是变量 a 的地址。

(2) *：取内容运算符。取内容运算符 * 是单目运算符，其结合性为自右至左，用来表示指针变量所指的变量的值(内容)。在 * 运算符之后跟的变量必须是指针变量。需要注意的是指针运算符 * 和指针变量说明中的指针说明符 * 不是一回事。在指针变量说明中，"*"是类型说明符，表示其后的变量是指针类型。而表达式中出现的"*"则是一个运算符，用以表示指针变量所指的变量的值。

2. 指针变量的引用

引用指针变量时，可能有三种情况：

(1)给指针变量赋值。例如：

```
m=&a;// 使 m 指向 a
```

(2)引用指针变量指向的变量。例如：

```
m=&a;   *m=1;
printf("%d", *m);  //*m 相当于 a,输出 1
```

(3)引用指针变量的值。例如：

```
m=&a,printf("%o",m);//以八进制输出 a 的地址
```

3. 指针变量引用实例

指针变量引用实例如下：

```
int a, *m;
m=&a;              //把 a 的地址赋给指针变量 m
printf("%d", *m);  //以整数形式输出指针变量 m 所指向的变量的值,即 a 的值
*m=1;              //将整数 1 赋给 m 当前所指向的变量,由于 m 指向变量 a,相当
                     于把 1 赋给 a,即 a=1
printf("%o",m);    //以八进制形式输出指针变量 m 的值,由于 m 指向 a,相当于输
                     出 a 的地址,即 &a
```

7.1.3 指针运算

之前在学习指针变量指向数组元素时，指针变量加1就是指向下一个元素，指针变量减1就是指向上一个元素，所以当指针变量指向数组元素时，允许对指针进行以下运算：

加一个整数(用+或+=),如p+1。

减一个整数(用-或-=),如p-1。

自加运算,如p++,++p。

自减运算,如p--,--p。

两个指针相减,如p1-p2(只有p1和p2都指向同一数组中的元素时才有意义)。

说明:

(1)如果指针变量p已指向数组中的一个元素,则p+1指向同一数组中的下一个元素,p-1指向同一数组中的上一个元素。例如:

float a[5],*p;

p=&a[0];

假设a[0]的起始地址为2000H,则p的值为2000H,p+1的值为2004H,p-1的结果已经不在数组a的地址范围内了。p+i和a+i都表示数组元素a[i]的地址,或者说,它们指向a数组序号为i的元素。

(2)已知指针变量p指向a[0],p++运算不能理解为p的值自加1,而是指针变量指向数组a的下一个元素a[1]。

(3)p1和p2都指向同一数组中的元素时,两个指针相减,如p2-p1,结果是两个地址之差除以数组元素的长度。例如:

float a[5],*p1,*p2;

p1=&a[0];//p1=2000H

p2=&a[2];//p2=2008H

执行p2-p1的结果是(2008-2000)/4=2,表示p2所指的元素和p1所指的元素之间差2个元素,有助于用户了解两个指针所指元素的相对距离。执行p2+p1没有意义。

例7-1 通过指针变量读入数组的5个元素,然后输出这5个元素。

答案

```
#include "stdio.h"
int main()
{
    int *p,i,a[5];
    p=a;
    for(i=0;i<5;i++)
    scanf("%d",p++);
    for(i=0;i<5;i++,p++)
    printf("%d ",*p);
    printf("\n");
return 0;
}
```

程序运行示例：

输入

```
1 2 3 4 5
```

输出

```
0 1703724 1703792 4199065 1
```

程序分析：输出结果并不是数组 a 中各元素的值。

问题出在：指针变量 p 的初始值为数组 a 首元素(即 a[0])的地址，但经过第 1 个 for 循环读入数据后，p 已指向数组 a 的末尾。因此，在执行第 2 个 for 循环时，p 的起始值不是 &a[0]，而是 a+10。由于执行第 2 个 for 循环时，每次要执行 p++，因此 p 指向的是数组 a 下面的 10 个元素，而这些存储单元中的值是不可预料的。

修改的方法是，在第 2 个 for 循环之前加一个赋值语句"p=a;"，使初始值回到 &a[0]。

修改后的程序：

```
#include "stdio.h"
int main()
{
    int *p,i,a[5];
    p=a;
    for(i=0;i<5;i++)
       scanf("%d",p++);
    p=a;
    for(i=0;i<5;i++,p++)
       printf("%d ",*p);
    printf("\n");
    return  0;
}
```

输入

```
1 2 3 4 5
```

输出

```
1 2 3 4 5
```

指针运算小结：

(1)指针变量加(减)一个整数。例如，p++，p--，p+i，p-i，p+=i，p-=i 等均是指针变量加(减)一个整数。将该指针变量的原值(是一个地址)和它指向的变量所占用的内存单元字节数相加(减)。

(2)对指针变量赋值。将一个变量地址赋给一个指针变量。例如：

p=&a;//将变量 a 的地址赋给 p

p=b;//将数组 b 首元素的地址赋给 p

p=&b[i];//将数组 b 的第 i 个元素的地址赋给 p

p1=p2;//p1 和 p2 都是基类型相同的指针变量,将 p2 的值赋给 p1

注意:在进行赋值时,一定要先确定赋值号两侧的数据类型是否相同。

(3)指针变量可以有空值,即该指针变量不指向任何变量,可以这样表示:

p=NULL;//p 指向地址为 0 的单元

其中,NULL 是一个符号常量,在 stdio.h 头文件中对 NULL 进行了定义。

#define NULL 0

注意:p=NULL;和未对 p 赋值含义不同。前者的值为 0,不指向任何程序变量;后者的值是随机的,p 可能指向一个事先未指定的单元。

(4)两个指针变量相减。当两个指针变量指向同一个数组中的元素时,两个指针变量相减的结果是两个指针之间元素的个数。

(5)两个指针变量比较。当两个指针变量指向同一个数组中的元素时可以进行比较。指向前面的元素的指针变量小于指向后面元素的指针变量。如两个指针变量不指向同一个数组,则比较无意义。

7.2 数组与指针

一个数组是由连续的一块内存单元组成的。数组名就是这块连续内存单元的首地址(数组名可以看成一个常量指针)。一个数组也是由各个数组元素(下标变量)组成的。每个数组元素按其类型不同占有几个连续的内存单元。一个数组元素的首地址也就是指它所占有的几个内存单元的首地址。指针可以指向数组或数组元素。

7.2.1 指向数组元素的指针

定义一个指向数组元素的指针变量的方法,与前面介绍的指针变量相同。例如:

int a[9];/定义 a 为包含 9 个整型数据的数组 * /

int * p ;/定义 p 为指向整型变量的指针 * /

指针指向数组

应当注意,因为数组为 int 型,所以指针变量也应指向 int 型的指针变量,下面是对指针变量赋值:

p =& a [0];

把 a[0]元素的地址赋给指针变量 p。也就是说,p 指向 a 数组的第 0 号元素。

C 语言规定,数组名代表数组的首地址,也就是第 0 号元素的地址。因此,下面两条语句等价:

P=&a[0]; ⇔ p=a;

7.2.2　通过指针引用数组

1. 相关概念

一个变量有地址，一个数组包含若干元素，每个数组元素都有相应的地址。指针变量可以指向数组元素，数组元素的指针——数组元素在内存中的起始地址。数组的指针——数组在内存中的起始地址。

2. 指向数组的指针变量的定义

指向数组的指针变量的定义，与指向普通变量的指针变量的定义方法一样。例如：

```
int a[10]={1,3,5,7,9,11,13,15,17,19};
int  *p;
p=&a[0];// p=a
```

数组名 a 不代表整个数组，只代表数组首元素的地址。“p=a;”的作用是“把 a 数组的首元素的地址赋给指针变量 p”，而不是“把数组 a 各元素的值赋给 p”。

3. 数组元素的引用

引用一个数组元素，可以用以下两种方法：

(1)下标法，如 a[i] 形式，效果直观。

(2)指针法，如 *(a+i)或 *(p+i)。其中 a 是数组名，p 是指向数组元素的指针变量，其初值为 p=a;能使目标程序占用内存少、运行速度快。

例 7-2　有一个整型数组 a，有 5 个元素，要求输出数组中的全部元素。

(1)下标法。

```
#include<stdio.h>
int main()
{
int i,a[5];
printf("Please enter 5 integer numbers:\n");
for(i=0;i<5;i++)
scanf("%d",&a[i]);
for(i=0;i<5;i++)
printf("%d ",a[i]);
printf("\n");
return 0;
}
```

(2)通过数组名计算数组元素地址，找出元素的值。

```
#include<stdio.h>
int main()
{
int i,a[5];
```

```
printf("Please enter 5 integer numbers:\n");
for(i=0;i<5;i++)
scanf("%d",&a[i]);
for(i=0;i<5;i++)
printf("%d ",*(a+i));   printf("\n");
return 0;
}
```

(3)通过指针变量计算数组元素地址,找到数组元素。

```
# include<stdio.h>
int main()
{
  int i,a[5],*p;
p = a;
printf("Please enter 5 integer numbers:\n");
for(i=0;i<5;i++)
scanf("%d",p+i);
for(i=0;i<5;i++)
printf("%d ",*(p+i));
printf("\n");
return 0;
}
```

(4)用指针变量指向数组元素。

```
# include<stdio.h>
int main()
{
int i,a[5],*p;
printf("Please enter 5 integer numbers:\n");
for(i=0;i<5;i++)
scanf("%d",&a[i]);
for(p=a;p<(a+5);p++)
printf("%d ",*p);
printf("\n");
return 0;
}
```

运行结果:

```
Please enter 5 integer numbers:
23 34 45 56 67
23 34 45 56 67
```

在上面的例题中:

(1)p+i 和 a+i 都是数组元素 a[i]的地址。

(2)*(p+i)和*(a+i)都是数组元素 a[i]的值。

(3)p+1指向数组的下一个元素，而不是简单的是指针变量p的值加1。其实际变化为p+1 * size(size为一个元素占用的字节数)。

7.3　函数与指针

在C语言中，一个函数总是占用一段连续的内存区，函数名就是该函数所占内存区的首地址。可以把函数的这个首地址(或称入口地址)赋予一个指针变量，使该指针变量指向该函数。然后通过指针变量就可以找到并调用这个函数。这种指向函数的指针变量称为"函数指针变量"。

7.3.1　字符指针作函数参数

指针变量作函数参数

如果想把一个字符串从一个函数"传递"到另一个函数，可以用地址传递的方式(即用字符数组名作参数，也可以用字符指针变量为参数)。被调用的函数中可以改变字符串的内容，在主函数中可以引用改变后的字符串。

例 7-3　用函数调用实现字符串的复制。

(1)用字符数组名作为函数参数，参考程序如下：

```
#include <stdio.h>
int main()
{
void copy_string(char from[],char to[]);
char a[]="I am a teacher.";
char b[]="You are a student.";
printf("string a = %s\nstring b = %s\n",a,b);
printf("copy string a to string b:\n");
copy_string(a,b);
printf("string a = %s\nstring b = %s\n",a,b);
return 0;
}
void copy_string(char from[], char to[])
{
  int i=0;
  while(from[i]! ='\0')
{
  to[i] = from[i];
  i++;
}
  to[i]='\0';
}
```

(2)用字符指针变量作形参和实参,参考程序如下:

```
#include <stdio.h>
int main()
{
    void copy_string(char * from, char * to);
    char * a = "I am a teacher.";
    char b[] = "You are a student.";
char * p = b;
printf("string a = %s\nstring b = %s\n",a,b);
printf("\ncopy string a to string b:\n");
copy_string(a,p);
printf("string a=%s\nstring b=%s\n",a,b);
return 0;
}

void copy_string(char * from, char * to)
{
    for(; * from! ='\0';from++,to++)
    {
     * to = * from;
    }
   * to = '\0';
}
```

运行结果:

```
string a = I am a teacher.
string b=You are a student.
copy string a to string b:
string a=I am a teacher.
string b=I am a teacher.
```

关系式 * from ! =0 又可以简化为 * from,这是因为若 * from 的值不等于 0,则表达式 * from 为真,同时 * from ! =0 也是为真。

其中字符可以用 ASCII 码来替换,例如"ch='a'" 可用 "ch=97"替换, while(ch! ='a')可用 while(ch! =97) 替换,因此 while(* from ! ='\0')可以用 while(* from ! =0) 替换。('\0'的 ASCII 码为 0)

例 7-4 编写一个函数,求一个字符串的长度。在 main 函数中输入字符串,并输出其长度。

参考程序:

```
#include <stdio.h>
int main()
{
  int length(char  * p);
  int  len;
```

```
    char str[20];
    printf("Input string:  ");
    scanf("%s",str);
    len=length(str);
    printf("The length of string is %d.\n",len);
    return 0;
}

int length(char  *p)
{
    int n;
    n=0;
    while(*p! ='\0')
       {n++;p++;}
    return  n;
}
```

运行结果：

```
Input string:teacher
The lenth of string is 7.
```

提问：可否将例程第 6 行的"char str[20]"改为"char *str"？不能，因为 scanf 只能给字符指针变量所指向的内存单元初始化，不能给字符指针变量初始化。如果例程中要用字符指针变量作为函数实参，可以在用 scanf 给字符指针变量 str 所指向的内存单元初始化之前，使字符指针变量明确地指向某个具体的字符数组。例如：

```
#include <stdio.h>
int main()
{
    int length(char  *p);
    int  len;
    char a[30];
    char *str=a;
    printf("Input string:  ");
    scanf("%s",str);
    len=length(str);
    printf("The length of string is %d.\n",len);
    return 0;
}
```

7.3.2　指针作为函数返回值

一个函数可以返回一个整型值、字符值、实型值等，也可以返回指针型的数据，即地址，其概念与以前类似，只是返回的值的类型是指针类型而已。定义返回指针值的函数的一般形式为：

```
类型名 * 函数名(参数列表);
```

例 7-5 有 a 个学生，每个学生有 b 门课程的成绩。要求在用户输入学生序号以后，能输出该学生的全部成绩。用指针函数实现。

分析：

(1)定义二维数组 score[ ]存放成绩；

(2)定义输出某学生全部成绩的函数 * search( )，它是返回指针的函数，形参是行指针、整型变量(学号)；

(3)主函数将二维数组 score[ ]和要找的学号 k 传递给形参；

(4)函数的返回值是 &score[k][0](k 号学生的序号为 0 的课程地址)；

(5)在主函数中输出该生的全部成绩。

参考程序：

```
#include  "stdio.h"
int main()
{
float score[ ][4] = {{60,70,80,90}, {56,89,67,88},{34,78,90,66}};
float   * search(float ( * pointer)[4],int n);
float   * p;
int i, k;
  scanf("%d", &k);
  printf("The scores of No. %d are:\n", k);
  p = search(score, k);
  for(i=0;i<4;i++)
  printf("%5.2f\t", * (p + i));
  printf("\n");
  return 0;
}
float * search(float ( * pointer)[4],int n)
{
  float   * pt;
  pt =  * (pointer + n);
  return(pt);
}
```

运行结果：

```
2
The scores of No. 2 are:
34.00  78.00  90.00  66.00
```

拓展：找出其中有不及格学生的成绩及其序号。

参考程序：

```
# include "stdio.h"
int main()
{
float * search(float ( * pointer)[4]);
float score[][4]={{60,70,80,90},{56,89,67,88},{34,78,90,66}};
float * p;  int i,j;
for(i=0;i<3;i++)
{
p=search(score+i);
if (p== * (score+i))
{
  printf("No. %d score:",i);
      for(j=0;j<4;j++)      printf("%5.2f  ", * (p+j));
printf("\n");
}
}
return 0;
}

float * search(float ( * pointer)[4])
{
int i;
float * pt;
pt = NULL;
for(i=0;i<4;i++)
if ( * ( * pointer+i)<60)
pt =  * pointer;
return pt;
}
```

运行结果：

```
No. 1 score:56.00   89.00   67.00   88.00
No. 2 score:34.00   78.00   90.00   66.00
```

7.4　习　　题

一、选择题

1. 变量的指针，其含义是指该变量的(　　)。

　A:值　　　　B:地址　　　　C:名　　　　D:一个标志

2. 以下程序中调用 scanf 函数给变量 a 输入数值的方法是错误的，其错误的原因是(　　)。

```
main( )
{
   it *p,*q,a,b;
   p=&a;
   scanf("%d",*p);
……
}
```

A：*p表示的是指针变量p的地址

B：*p表示的是变量a的值，而不是变量a的地址

C：*p表示的是指针变量p的值

D：*p只能用来说明p是一个指针变量

3. 以下程序错误的原因是(　　)。

```
main( )
  {
      int *p,i;
      char *q,ch;
      p=&i;
      q=&ch;
      *p=40;
      *p=*q;
      ……
  }
```

A：p和q的类型不一致，不能执行*p=*q;语句

B：*p中存放的是地址值，因此不能执行*p=40;语句

C：q没有指向具体的存储单元，因此*q没有实际的意义

D：q虽指向了具体的存储单元，但该单元中没有确定的值，所以不能执行*p=*q;语句

4. 已有定义int k=2;int *ptr1,*ptr2;且ptr1和ptr2均已指向变量k，下面不能正确执行的赋值语句是(　　)。

A：k=*ptr1+*ptr2;　　B：ptr2=k;

C：ptr1=ptr2;　　D：k=*ptr1*(*ptr2);

5. 若有语句int *point,a=4;和point=&a;,则下面均代表地址的一组选项是(　　)。

A：a，point，　*&a　　B：&*a，　&a，*point

C：*&point，*point，&a　　D：&a，&*point，point

6. 若需建立如图所示的存储结构，且已有说明float *p，m=3.14;则正确的赋值语句是(　　)。

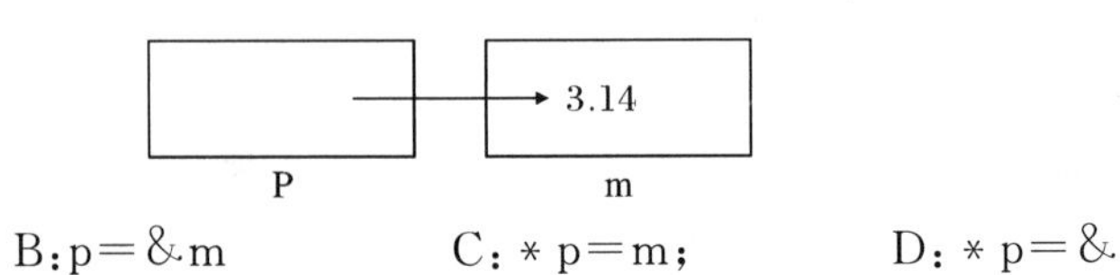

A：p=m　　B：p=&m　　C：*p=m;　　D：*p=&m

7. 若有说明 int *p1,*p2,m=5,n;,则以下均是正确的赋值语句的选项是(　　)。

A:p1=&m;p2=&p1　　B:p1=&m;p2=&n;*p1=*p2

C:p1=&m;p2=p1;　　D:p1=&m;*p2=*p1;

8. 已有定义 int (*p)();,指针 p 可以(　　)。

A:代表函数的返回值　　B:指向函数的入口地址

C:表示函数的类型　　D:表示函数返回值的类型

9. 已有函数 max(a,b),为了让函数指针变量 p 指向函数 max,正确的赋值方法是(　　)。

A:(*p)max(a,b);　　B:*pmax(a,b);

C:p=max(a,b);　　D:*p=max(a,b);

10. 语句 int(*ptr)();的含义是(　　)。

A:ptr 是指向一维数组的指针变量

B:ptr 是指向 int 型数据的指针变量

C:ptr 是指向函数的指针,该函数返回一个 int 型数据

D:ptr 是一个函数名,该函数的返回值是指向 int 型数据的指针

11. 若有说明:char *language[]={"afbv","bgfg","dagads"},则 language[2]的值是(　　)。

A:一个字符　　B:一个地址　　C:一个字符串　　D:一个不定值

12. main 函数的正确说明形式是(　　)。

A:main(int argc, char *argv)　　B:main(int abc, char * *abv)

C:main(int argc, char argv)　　D:main(int c, char v[])

13. 若有以下定义:

```
Int x[4][3]={1,2,3,4,5,6,7,8,9,10,11,12}; int (*p)[3]=x;
```

则能够正确表示数组元素 x[1][2]的表达式是(　　)。

A:*((*p+1)[2])　　B:(*p+1)+2

C:*(*(p+5))　　D:*(*(p+1)+2)

14. 若有以下定义和语句,则对 a 数组元素地址的正确引用为(　　)。

```
int a[2][3],(*p)[3];
p=a;
```

A:*(a[i]+j)　　B:(a+i)　　C:*(a+j)　　D:a[i]+j

15. 若有以下定义,则对 a 数组元素地址的正确引用为(　　)。

```
int a[5],*p=a;
```

A:p+5　　B:*a+1　　C:&a+1　　D:&a[0]

16. 有以下语句:

```
int a[6]={0,1,2,3,4,5},i;
int *p=a;
```

设 0≤i<5,对 a 数组元素不正确的引用是(　　)。

A:*(&a[i])　　B:a[p-a]　　C:*(*(a+i))　　D:p[i]

17. 以下程序段的运行结果是(　　)。

```
int a[ ]={1,2,3,4,5,6,7}, * p=a;
int n,sum=0;
for(n=1;n<6;n++) sum+=p[n++];
printf("%d",sum);
```

A:12　　B:15　　C:16　　D:27

18. 若有以下定义,则说法错误的是(　　)。

```
inta=100, * p=&a;
```

A:声明变量p,其中*表示p是一个指针变量

B:变量p经初始化,获得变量a的地址

C:变量p只能指向一个整型变量

D:变量p的值为100

19. 以下程序运行结果是(　　)。

```
#include<stdio.h>
main( )
{
char a[ ]="abc", * p;
  for(p=a; p<a+3;p++)
  printf("%s", p);
}
```

A:abcbcc　　B:abc　　C:cbabaa　　D:cba

20. 若有说明语句:

```
char  a[ ]= "It is mine";
char  * p= "It is mine";
```

则以下不正确的叙述是(　　)。

A:a+1表示的是字符t的地址

B:p指向另外的字符串时,字符串的长度不受限制

C:p变量中存放的地址值可以改变

D:a中只能存放10个字符

二、填空题

1. 指针变量是把内存中另一个数据的__________作为其值的变量。

2. 能够直接赋值给指针变量的整数是__________。

3. 当定义某函数时,有一个形参被说明成int *类型,那么可以与之结合的实参类型可以是__________、__________等。

4. 若有以下定义,则p+5表示元素__________。

```
int  a[10], * p=a;
```

5. 以下程序的功能是:将无符号八进制数字构成的字符串转换为十进制整数。例如,输入的字符串为 556,则输出十进制整数 366。请填空。

```
#include <stdio.h>
main( )
{
char *p,s[6];
int n;
p=s;
gets(p);
n= *p-'0';
while(______________= '\0') //先++ ,后 *
n=n*8+ *p-'0';
printf("%d \n",n);
}
```

6. 以下 conj 函数的功能是将两个字符串 s 和 t 连接起来,请填空。

```
char  *conj(char *s, char *t)
{
  char *p=s;
  while( *s)
  s++;
while( *t)
{
  ______________; s++ ; t++;}
  *s="\0";
  return p;
}
```

7. 下面程序的运行结果为________。

```
void ast (int x,int y,int *cp,int *dp)
{ *cp=x+y; *dp=x-y;}
main()
{
  int a=4,b=3,c,d;
  ast(a,b,&c,&d);
  printf("%d,%d\n",c,d);
}
```

8. 设有以下定义,*(p+4)的值为________。

```
int a[ ]={0,1,2,3,4,5,6,7,8,9}, *p=a, i;
```

9.下面程序的运行结果为________。

```
#include <stdio.h>
  main( )
    {
      char str[]="abcdefg";
      char *s; s=str;
      while(*s! = '\0')
        {*s= *s - 'a'+ 'A';s++;}
      printf("%s\n",str);
    }
```

10.下面程序的运行结果为________。

```
#include <stdio.h>
main( )
{
    static int a[]={1,3,5,7,9};
    int *p, i;
    p=a;
    *(p+3)+=2;
    printf("%d,%d\n",*p,*(p+3));
  }
```

11.下面程序的运行结果为________。

```
#include <stdio.h>
main( )
{
char s[]="abcdefg\0",*p;
p=&s[7];
while(--p>=s)
putchar(*p);
putchar('\n');
  }
```

12.下面程序的运行结果为________。

```
#include <stdio.h>
main( )
{
  int a[2][2]={1,2,3,4};
  printf("%d",*(*(a+1)+1));
  }
```

13. 下面程序的运行结果为________。

```
#include <stdio.h>
main( )
{
   int a=10,b, * p;
   p=&a;
   b=( * p)++;
   printf("%d,%d\n",a,b);
   }
```

14. 下面程序的运行结果为________。

```
#include <stdio.h>
main( )
{
  int * * a, * i, j[2]={1,2};
  i=&j;
  a=&i;
  printf("%d\n", * * a);
  }
```

15. 下面程序的运行结果为________。

```
#include <stdio.h>
main( )
   {
     int a[]={1,2,3,4,5,6};
     int * p=a,i;
      * (a+2)= * (p++);
     printf("%d", * (p+2));
}
```

16. 下面程序的运行结果为________。

```
#include <stdio.h>
main( )
{
int a[ ]={1,2,3,4,5}, * p, * q,i;
     p=a; q=p+4;
     for(i=1;i<5;i++)
     printf("%d%d", * (q-i), * (p+i));
}
```

17. 下面程序的运行结果为________。

```
#include <stdio.h>
main( )
    {
static char a[ ]="abcdefg",b[ ]="adcbehg";
        char *p=a,*q=b;
        int i;
        for(i=0;i<=6;i++)
          if(*(p+i)==*(q+i))
             printf("%c",*(q+i));
    }
```

18. 下面程序的运行结果为________。

```
#include <stdio.h>
fun( int   *a,int   *b)
{
  int   *w;
  *a=*a+*a;
  *w=*a;
  *a=*b;
  *b=*w;
}
main()
{
  int x=9,y=5,*px=&x,*py=&y;
  fun(px,py);
  printf("%d,%d\n",x,y);
}
```

19. 以下程序的输出结果是________。

```
#include<stdio.h>
void main()
{
int i;
  char *s="ABCD";
  for(i=0;i<3;i++)
     printf("%s\n",s+i);
}
```

20. 下面程序的运行结果为________。

```
#include<stdio.h>
main( )
{
  int a,b;
  int *p1=&a, *p2=&b, *t;
  a=10; b=20;
  t=p1; p1=p2; p2=t;
  printf("%d,%d\n",a,b);
}
```

三、操作题

1. 编写一个程序，输入星期，输出该星期的英文名，用指针数组处理。

2. 输入 3 个字符串，按由小到大的顺序输出。

3. 输入一行文字，找出其中大写字母、小写字母、空格、数字以及其他字符各有多少。

4. 将一个 5×5 的矩阵(二维数组)中最大的元素放在中心，4 个角分别放 4 个最小的元素(顺序为从左到右、从上到下依次从小到大存放)，编写一个函数实现相应功能，用 main 函数调用。

第 8 章　结构体和共用体

前面我们学习了一种构造数据类型:数组。使用数组可以带来很多方便,但是数组要求被处理数据必须有相同的类型。日常工作中经常需要处理由不同数据类型组合起来的整体,对于这样的问题使用数组是不可能实现的,使用多个变量是可以描述,但这样做无法反映出同一事物的各个属性间的相互关系。为此,C 语言提供了一种全新的构造数据类型——结构体类型(或者称为结构类型)。在本章中,除了介绍结构体类型外,还要介绍共用体类型。共用体类型数据是指一段存储空间中,在不同时间可以拥有不同类型和不同长度的对象。

8.1　结　构　体

现实生活中,每个事物都有其属性,且各自的类型不同。例如,学生成绩管理系统中,学生的成绩登记表,表中每个学生都包括学号、姓名、总分和名次等。其中学号用长整型表示,姓名用字符串表示,总分用浮点数表示,名次用整数表示。对于这样的数据形式,数组是无法精确描述的,可以用 C 语言提供的全新数据类型——结构体来支持这种数据结构。

8.1.1　认识结构体

C 语言提供了一种特殊的数据类型,这种数据类型可以把不同类型(也可以相同)的数据有机地组织成一个整体,这个整体就称为结构体类型。

8.1.2　结构体变量的定义及初始化

1. 结构体类型定义

结构体定义的一般形式:

```
struct 结构体类型名
  {
类型　成员名 1;
类型　成员名 2;
……
类型　成员名 n;
   };
```

结构体类型定义

说明：

(1)struct 为关键字，不能省略，用来表示定义的数据类型为结构体类型。

(2)结构体类型名是结构体类型的名字，其命名时应当遵循命名规则。

(3)花括号中的“数据成员列表”是指结构体中的各个数据成员，这些数据成员有机地结合成一个整体，构成了结构体。

(4)结构体的各个数据成员都需要定义，其定义形式为：

```
类型名　成员变量名
```

其中，类型名既可以是 int、char 等基本类型，也可以是一个结构体类型，但是 C 语言规定，结构体类型在定义时不能包含自身，即不能由自己定义自己；成员变量名命名规则与普通变量名相同。

(5)定义完的结构体类型和系统提供的基本类型具有同样的作用，都可以用来定义变量。

(6)最后的分号不能省略。

2. 结构体变量的定义

结构体类型和其他基本类型一样，只是一个数据模型，并没有具体实例，系统也不会为其分配内存单元。因此，为了使用结构体类型的数据，必须先定义结构体类型变量。定义完结构体类型之后再定义结构体类型变量。

结构体变量的定义

定义结构体类型变量一般有三种方法：

(1)先定义结构体类型，再定义结构体变量。其一般定义形式为：

```
struct 结构体类型名 变量名；
```

例如：

```
struct teacher t1,t2;
```

注意：定义结构体变量时，struct 不能省略，即不能写为 teacher t1,t2。

(2)在定义结构体类型的同时定义变量。其一般的形式为：

```
struct 结构体类型名
{
数据成员列表
}变量名列表；
```

例如：

```
struct teacher
{
    long num;
    char name[20];
    int age;
    float salary;
    char addr[20];
}t1,t2;
```

注意:在定义完变量后再加上分号。

(3)省略结构体类型名,直接定义结构体变量。C语言允许使用匿名的结构体类型来定义变量,其一般形式为:

```
struct
{
数据成员列表
}变量名列表;
```

例如:

```
struct
{
    long num;
    char name[20];
    int age;
    float salary;
    char addr[20];
}t1,t2;
```

注意:这种方法虽然简单,但是程序无法再次使用这种匿名的结构体类型。

关于结构体类型和变量的补充说明:

(1)结构体类型与结构体变量是完全不同的概念,不能对结构体类型进行赋值、运算和输出。

(2)系统在编译时,只对结构体变量分配内存空间,而对结构体类型不分配空间。

(3)结构体变量在内存中所占空间大小等于该变量的所有成员变量所占内存空间之和,并且这些成员变量在内存中是顺序存放的。例如,上面定义的结构体 struct teacher 的变量 t1 所占内存空间的大小为(4+20+2+4+20)字节=50字节。

(4)结构体中的成员变量既可以是基本类型变量,也可以是另一个结构体类型的变量。

3. 结构体变量的初始化

(1)结构体变量在定义的同时,可以对其各成员变量进行初始化操作。例如:

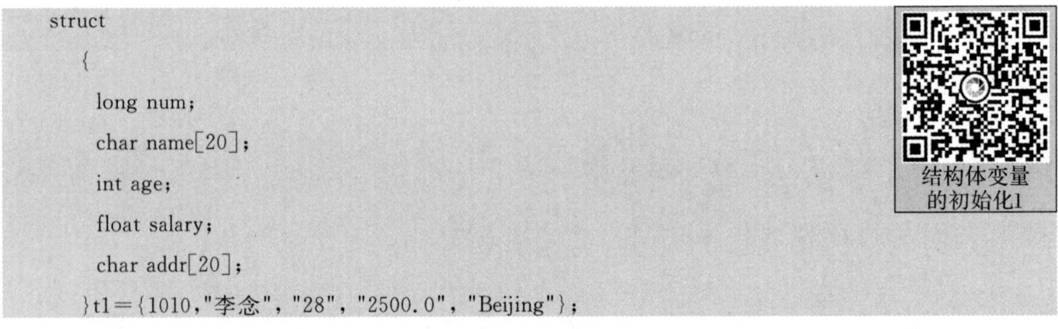

```
struct
  {
    long num;
    char name[20];
    int age;
    float salary;
    char addr[20];
  }t1={1010,"李念", "28", "2500.0", "Beijing"};
```

结构体变量的初始化1

(2)如果结构体变量还含有其他结构体类型成员,那么在进行初始化操作时,应该按照最低层类型提供数据。例如:

```
struct date
  {
    int year;
    int month;
    int day;
  };
struct teacher
  {
      long num;
      char name[20];
      int age;
      struct date birthday;
      float salary;
      char addr[20];
  } t1={1010,"张三丰","28", "1978,11,8", "2500.0", "内蒙古"};
```

结构体变量的初始化2

8.1.3　结构体变量成员的引用和结构体类型数据的输入

1. 结构体变量成员的引用

结构体变量成员的引用

定义完结构体变量后，就可以对这个结构体变量进行赋值和引用了。但是在引用结构体变量时，不能对变量整体进行引用，只能对结构体变量中的各成员变量逐个引用。

一般对结构体变量的使用，包括赋值、输入、输出、运算等都是通过结构体变量的成员来实现的。在引用结构体变量时，不能对变量整体进行引用，只能对结构体变量中的各成员变量逐个引用。其引用格式一般为：

```
结构体变量名.成员变量名;
```

例如：

stu1.num　　//即第一个人的学号

stu2.sex　　//即第二个人的性别

如果成员本身又是一个结构，则必须逐级找到最低级的成员才能使用。例如：

stu1.birthday.month

注意：

(1)这里的“.”称为成员运算符，它是左结合的，具有最高的优先级。

(2)不能将结构体变量作为整体进行赋值和输出。

(3)如果结构体变量中又含有其他结构体类型的成员，则在引用时只能对其最低级的成员进行引用。

(4)结构体类型的成员变量和其他普通变量一样，也可以进行各种合法的运算。

(5)同一种类型的结构体变量之间可以整体地进行赋值。

结构体变量的引用有两种情况：无嵌套和有嵌套。

在无嵌套的情况下，引用结构体变量成员的形式为：

```
结构体变量名.成员名;
```

其中的"."叫"结构体成员运算符",这样引用的结构体成员相当于一个普通变量。例如:

stu.num //结构体变量 stu 的成员 num 相当于一个长整型变量

stu.name //结构体变量 stu 的成员 name 相当于一个字符数组名

在有嵌套的情况下,访问的应是结构体的基本成员,因为只有基本成员直接存放数据,且数据是基本类型或上面介绍的数组类型。

其引用形式为:

```
结构体变量名.结构体成员名.….结构体成员名.基本成员名
```

即从结构体变量开始,用成员运算符逐级向上连接嵌套的成员,直到基本成员,不能省略连接的点。

例 8-1 下面程序的输出是________。

```
main()
{
  struct  a { int x; int y; } c[2]={1,3,2,7};
  printf("%d   %d /n",c[0].y  c[1].x);
}
```

分析 程序初始化了一个结构体数组 c,并给 c[0]里面元素 x 和 y 赋值{1,3},给 c[1]里面元素 x 和 y 赋值{2,7}。

答案

```
3     2
```

例 8-2 下面程序的输出是________。

```
#include <stdio.h>
main()
{
    struct person
    {
        char name[20];
        struct
        {
            int month;
            int day;
            int year;
        } bd;
```

```
            char sex;
            long num;
        } st = {""Wang Li",12,15,1974,'M,340201};

    printf("%s,%d,%d,%d", st.name,st.bd.year,st.bd.month,st.bd.day);
}
```

分析　程序初始化了一个嵌套的结构体数组 st，以此给 st. name、st. bd. month、st. bd. day、st. bd. year、st. sex、st. num 赋值。

答案

```
Wang Li,1974,15
```

2. 结构体类型数据的输入

(1)使用 scanf 函数输入数据。

使用 scanf 函数为结构体变量的成员输入数据：对于整型、实型、字符型数据，格式说明分别使用%d、%lf (或%f)、%c，地址项使用成员变量的地址；对于字符串数据，格式说明使用%s，地址项使用成员字符数组名。

使用 scanf 函数输入数据注意事项：

1)应在字符型成员读取数据前使用 getchar 函数将缓冲区中的空格、TAB、回车换行读掉。

2)如果字符数组中存放的字符串需要有空格，就不能使用 scanf 函数接收数据了。

(2)使用 gets 函数输入数据。

使用 gets 函数为结构体变量的成员输入数据，对于字符串型数据，函数参数使用成员数组名，将输入的字符串直接存放到成员字符数组中，使用 gets 函数可以接收含有空格的字符串。

结构体类型数据的输入

使用 gets 函数输入数据注意事项：

对于整型、实型数据，需要先使用一个临时字符数组作为函数参数，存放由整数或实数组成的字符串，再用类型转换函数把接收的数据转换为所需的类型后赋给相应的成员。

类型转换函数及含义如下：

atoi(str)　　　　//将 str 中的字符串转换为 int 型数据

atol(str)　　　　//将 str 中的字符串转换为 long 型数据

输入/输出的时候按元素输入/输出，例如：

```
scanf("%d %f",&m.a,&m.b);
printf("%d %f\n",m.a,m.b);
```

如使用结构体变量数据输入方式，记录课程编号、课程名称、学分以及授课教师，并以表格形式输出，程序如下：

```
#include <stdio.h>
#include <string.h>
struct course
{
  int num;
  char name[20];
  int cre;
  char t[20];
};
void main()
{
  struct course a,b,temp;
  printf("课程编号   课程名称   学分   教师\n");
  scanf("%6d%10s%8d%10s\n",&a.num,&a.name,&a.cre,&a.t);
  scanf("%6d%10s%8d%10s\n",&b.num,&b.name,&b.cre,&b.t);
  printf("课程编号   课程名称   学分   教师\n");
  printf("%6d%10s%8d%10s\n",a.num,a.name,a.cre,a.t);
  printf("%6d%10s%8d%10s\n",b.num,b.name,b.cre,b.t);
}
```

结构体类型数据的输入

例 8-3 编程实现建立一个同学通信录。

要求：能够存储三个同学的信息，信息包含姓名和电话。

例8-3

分析 由于同学通信录的信息包含姓名和电话，同学又是多人，因此可以通过结构体数据类型建立同学通信录。

答案

```
#include "stdio.h"
#define NUM 3
struct mem
    {
        char name[20];
        char phone[10];
    };
main( )
   {
        struct mem man[NUM];
        int i;
        for(i=0;i<NUM;i++)
```

```
        {
            printf("input name:\n");
            gets(man[i].name);
            printf("input phone:\n");
            gets(man[i].phone);
        }
    printf("name\t\tphone\n\n");
    for(i=0;i<NUM;i++)
    printf("%s\t\t%s\n",man[i].name,man[i].phone);
}
```

8.2 共　用　体

共用体是一种数据格式，它能够存储不同的数据类型，但在同一时间只能存储其中的一种类型。共用体的用途之一是，当数据使用两种或更多种格式，但不会同时使用这些格式时，可以节省空间。

8.2.1 认识共用体

共用体类型是指将不同的数据项存放于同一段内存单元的一种构造数据类型，它的类型说明和变量定义与结构体的类型说明和变量定义的方式基本相同，两者质的区别仅在于使用内存的方式上。

8.2.2 共用体变量的定义及初始化

1. 共用体的定义

一般定义形式为：

```
union 共用体类型名
{
类型说明符　成员变量 1;
类型说明符　成员变量 2;
类型说明符　成员变量 3;
……
类型说明符　成员变量 n;
};
```

共用体类型定义

例如：

```
union   data
{
    int a;
    float b;
    double c;
    char d;
}abc;
```

共用体类型与结构体类型的区别：

（1）共用体与结构体最大的不同在于其成员变量所占的内存长度不同；

（2）结构体变量所占的内存长度等于各成员变量所占的内存长度之和，即每个成员变量都有属于自己的内存空间；

（3）共用体变量的各成员变量都共享同一块内存空间，即共用体变量所占的内存长度等于其最长的成员变量所占的内存长度。

2. 共用体变量的定义

共用体变量定义

共用体变量具有三种定义方法：

（1）先定义共用体类型，再定义共用体变量。

其一般定义形式为：

```
union 类型名 变量名
```

例如：

```
union data a,b;
```

（2）在定义共用体类型的同时定义共用体变量。

其一般的形式为：

```
union 共用体类型名
{
  成员列表
}变量名列表;
```

例如：

```
  union
{
  int i;
  char c;
  float f;
}a,b;
```

程序段在定义共用体类型data的同时定义具有data类型的共用体变量。也就是说，共用体变量a和b都有i,c,f三个成员变量。这三个成员变量共享同一段内存空间。

（3）省略共用体类型名，直接定义变量。

其一般形式为：

```
union
{
成员列表
}变量名列表;
```

例如：

```
union
{
  int i;
  char c;
  float f;
}a,b;
```

这种定义方式表示没有共用体类型名，直接定义共用体变量 a 和 b，变量 a 和 b 具有 i，c，f 三个成员变量。

8.2.3　共用体变量成员的引用

引用共用体变量中的成员项与引用结构体变量中的成员项方法相同，其引用方式为：

```
共用体变量名.成员项名;
```

例如：ul.a，ul.b，ul.ch 就是引用共用体变量 ul 的三个成员项的方法。

由于共用体变量中的各个成员在内存中共占同一段空间，所以一个共用体变量在某一时刻，只能存放其中一个成员项的值。

例如：

```
ul.a=15;
ul.b=150;
ul.ch='A';
```

最后引用变量 ul 的值时，只能引用其成员项 ch 的值，即最后一个被赋值的成员项。其他成员项的值被覆盖，无法得到其原始值。

在引用共用体变量时，应该注意以下几点：

共用体变量赋值和使用

(1)由于共用体变量的所有成员都共用同一段内存单元，因此在某一时刻只能存放其中的一个成员变量，即某一时刻只有一个成员变量起作用，而其他的成员变量都不起作用(只有最后一次被赋值的成员变量起作用)。因此可以看出，共用体变量在存放成员变量的值时采用的是覆盖技术，即在共用体变量中有意义的成员变量是最后一次存放的成员变量，任何新数据的存入都会覆盖掉原有的数据。

(2)不能对共用体变量名赋值，也不能在定义共用体变量时对共用体变量进行初始化。

例如，以下程序是错误的：

```
union
{
int i;
char c;
float f;
}a={10,'a',5.6};
```

(3)可以通过指针变量引用共用体变量中的成员。

例如：

```
union data *p,a;
p=&a;
p->i=10;
```

(4)不能将共用体变量作为函数参数,函数也不能返回共用体变量。

(5)结构体类型和共用体类型在定义时可以互相嵌套。

注意:共用体变量最大的用途是将不可能同时出现的数据项放在同一段内存当中,从而达到节省内存空间的目的。

例8-4 编写程序用于学校对教师和学生信息进行统计。

例8-4

任务描述:

(1)教师信息包括编号、姓名、年龄、工资。

(2)学生信息包括编号、姓名、年龄、成绩。

分析

(1)定义结构体存储教师信息,包括编号、姓名、年龄、工资。

(2)定义结构体存储学生信息,包括编号、姓名、年龄、成绩。

(3)在实际的存储过程中,在结构体的定义中嵌入共用体成员,如果是教师就存放工资,如果是学生就存放成绩(工资和成绩不会出现在同一个人的信息中)。

(4)为了区分教师和学生的身份,再引入一个结构体成员变量job,如果是教师就存入T,如果是学生则存入S。

答案

```
#include"stdio.h"
main()
{
    int i;
    struct person
{
      long num;
      char name[20];
      int age;
      char job;
      union gzcj
      {
         float salary;
         float score;
       }a;
```

```
} person[3] ={{1011,"小王",28,'t', 4348},(1012,"小张",38,'t',3559} ,{1013,"小李",26,'s', 96.5} ) ;
    printf("编号\t 姓名\t 年龄\t 工资或成绩\t\n") ;
    for(i=8; i<3; i++)
        if(person[i].job=='t')
            printf("%ld\t%s\t%d\t%.2f\t\n", person[i].num, person[i].name,
            person[i].age,person[i].a.salary) ;
        if(person[i].job=='s')
            printf("%1d\t%s\t%d\t%.2f\t\n",person[i].num,person[i].name,
            person[i].age,person[1].a.score) ;
        }
}
```

8.3 习　　题

一、选择题

1. 当定义了一个结构体变量时,系统分配给它的内存空间是(　　)。

A:每个成员所需要的内存空间的总和

B:结构体中第一个成员所需的内存空间

C:成员中所占内存空间最大的成员所占的空间

D:结构体中最后一个成员所需的内存空间

2. 下面程序的输出是________。

```
main()
{
    struct cmplx { int x; int y; } cnum[2]={1,3,2,7};
    printf("%dn",cnum[0].y /cnum[0].x * cnum[1].x);
}
```

A:0　　　　B:1　　　　C:3　　　　D:6

二、填空题

1. 以下程序用来输出结构体变量 student 所占存储单元的字节数,请填空。

```
struct st
{
    char name[20];
    double score;
};
main()
struct st student;
printf("student size:%d\n",sizeof(________));
```

2.变量a所占的内存字节数是________(假设整型int为4字节)。

```
struct stu
{
    char name[20];
    long int n;
    int score[4];
}a;
```

三、操作题

1.定义一个结构体变量,包括年、月、日。计算该日在本年中是第几天。

2.编程实现输入5个学生的学号,计算他们的期中和期末成绩,然后计算其平均成绩,并输出成绩表。

第 9 章　编译预处理

C 语言允许在程序中使用几种特殊的命令，在 C 编译系统对程序进行通常的编译之前，先对程序中这些特殊命令进行“预处理”，然后将预处理的结果和源程序一起再进行通常的编译处理，以得到目标代码。前面各章已多次使用过以“#”号开头的预处理，如包含命令 #include、宏定义命令 #define 等，这些以“#”开头的语句统称为编译预处理命令。

编译预处理引入

C 语言始终遵循“最经济地使用资源”的最小原则，让 C 程序只具有必要的成分，所有非必要的功能都以“补丁”的方式，由语言之外的预处理命令或库函数提供，于是就有了一系列的预处理命令和庞大的函数库。

就连处理预处理命令的预处理器也独立于编译器。这种小巧的模块化语言结构使得程序的组织方式非常灵活方便。C 语言提供了多种预处理功能，如宏定义、条件编译、文件包含等。合理使用预处理功能编写的程序便于阅读、修改、移植和调试，也有利于模块化程序设计，本章介绍常用的预处理功能。

9.1　宏　定　义

在 C 语言源程序中允许用一个标识符来表示一个字符串，称为“宏”，被定义为“宏”的标识符称为“宏名”。在编译预处理时，对程序中所有出现的“宏名”，都用宏定义中的字符串去代换，这称为“宏替换”或“宏展开”。宏定义是由源程序中的宏定义命令完成的，宏替换是由预处理程序自动完成的。在 C 语言中，“宏”分为不带参数和带参数两种，下面分别讨论这两种情况的使用。

1. 不带参数的宏定义及宏替换

(1)一般形式：

```
#define 标识符　字符串
```

(2)作用：用标识符来代表一个字符串。

(3)应用示例：

```
#define  PI  3.1415926
main()
{
      float l,s,r,v;
      printf("请输入半径 :");
      scanf("%f",&r);
      l=2.0 * PI * r;
      s=PI * r * r;
      v=3.0/4 * PI * r * r * r;
      printf("l=%f s=%f v=%f\n",l,s,v);
}
```

(4)宏展开：用宏内容(字符串)原样替换程序中的所有宏名字的过程。

(5)使用注意事项：

1)宏名一般习惯用大写字母；

2)宏定义无";"结束；

3)宏定义的有效范围为，从宏定义命令起到源程序文件结束。如要终止其作用域可使用#undef 命令。

4)宏定义允许宏定义出现在程序中函数外的任意位置，但一般情况下它总写在文件的开头。

5)在进行宏定义时，可以引用已定义的宏名。

例 9-1　分别写出两次宏替换的结果。

```
#define  PI  3.1415926
#define  R  3.0
#define  L  2 * PI * R
#define  S  PI * R * R
main( )
{
   printf("l=%f \ns=%f\n",L,S);
}
```

答案

```
第一次替换:printf("l=%f \ns=%f\n", 2 * PI * R, PI * R * R);
第二次替换:printf("l=%f \ns=%f\n", 2 * 3.1415926 * 3.0, 3.1415926 * 3.0 * 3.0);
```

2. 带参数的宏定义及宏替换

(1)一般形式：

```
#define 宏名(宏形参数表)  字符串
```

(2)作用：宏替换时以实参替代形参。

例 9－2　分别写出三种宏定义的结果。

```
#define PF(x)   x*x
/*#define  PF(x)  (x)*(x)   */
/*#define  PF(x)  ((x)*(x)) */
main()
{
      int  a=2, b=3, c;
      c=PF(a+b)/PF(a+1);
      printf("\nc=%d ",c);
}
```

例9-2

答案

按第一种宏定义：c=a+b*a+b/a+1*a+1。
按第二种宏定义：c=(a+b)*(a+b)/(a+1)*(a+1)。
按第三种宏定义：c=((a+b)*(a+b))/((a+1)*(a+1))。

（3）注意事项：替换时不求值，只是字符串的原样替换。

9.2　条件编译

一般情况下，源程序中所有的行都参与编译，但有时希望对其中一部分内容只在满足条件时才进行编译，也就是让编译器对源程序内容按指定的条件进行取舍，这就是“条件编译”。

根据条件选择被编译的源程序行，可以减少被编译的语句，从而缩短目标程序的长度，缩短运行时间。通常有以下两种情况：

1. 使用宏定义的标识符作为编译条件

（1）第一种形式：

```
# ifdef  标识符
         程序段 1
# else
         程序段 2
#endif
```

它的功能是：若所指定的标识符已经被#define 命令定义过，则在程序编译阶段只编译程序段 1，否则编译程序段 2。

（2）第二种形式：

```
# ifdef  标识符
         程序段 1
#endif
```

它的功能是：若所指定的标识符已经被#define 命令定义过，则在程序编译阶段只编译程序段 1，否则不编译。

(3)第三种形式：

```
# ifndef  标识符
          程序段 1
# else
          程序段 2
#endif
```

它的功能是：若所指定的标识符未被#define 命令定义过，则在程序编译阶段只编译程序段 1，否则编译程序段 2。

2. 使用常量表达式的值作为编译条件

(1)形式：

```
# if     表达式
         程序段 1
# else
         程序段 2
#endif
```

它的功能是：若所指定的表达式为真(非零)，则编译程序段 1，否则编译程序段 2。

(2)程序举例：

用同一程序实现大小写字母转换(若定义 UP 转换为大写)。

```
#include "stdio.h"
#define  UP
main()
{
   char   s[128];
   gets(s);
     #ifdef  UP
        strupr(s);
     #else
        strlwr(s);
    #endif
puts(s);
}
```

9.3 文件包含

文件包含是C语言预处理程序的另一个重要功能，它是指一个源文件可以将另外一个源文件的全部内容包含进来放到相应的位置。

1. 文件包含命令行的一般形式

```
#include "文件名"或 #include <文件名>
```

在程序设计中，文件包含是很有用的。一个大的程序可分为多个模块，由多个程序员分别编程。有些公用的符号常量或宏定义等可单独组成一个文件，在其他文件的开头用包含命令包含该文件即可使用。这样，可避免在每个文件开头都去书写那些公用量，从而节省时间，并减少出错。

文件包含
讲解视频

对于文件包含命令还要说明以下几点：

(1)一个 include 命令只能指定一个被包含文件，若有多个文件要包含，则需用多个 include 命令。

(2)文件包含允许嵌套，即在一个被包含文件中又可以包含另一个文件。

2. 包含文件的查找方法

＃include“文件名”：先在当前工作目录中去查找，若找不到再到指定的标准目录中去查找。

＃include ＜文件名＞：直接到系统指定的标准目录中去查找。

9.4 习　　题

一、选择题

1. 以下叙述中不正确的是(　　)。

A：预处理命令都必须以＃开始

B：在程序中凡是以＃开始的语句行都是预处理命令行

C：C 程序在执行过程中对于处理命令进行处理

D：＃define IBM_PC 是正确的宏定义

2. 以下描述中，正确的是(　　)。

A：预处理是指完成宏替换和文件包含中指定的文件调用

B：预处理命令只能位于 C 源程序的开始

C：凡是以＃标识的控制行都是预处理命令

D：预处理是在编译之前处理

3. 以下有关宏替换不正确的是(　　)。

A：宏替换不占用运行时间　　　　B：宏名无类型

C：宏替换只是字符串替换　　　　D：宏替换是在运行时进行的

4. 在宏定义＃define PI 3.1415926 中，用宏名 PI 代替一个(　　)。

A：单精度数　　　　B：双精度数

C：常量　　　　D：字符串

5. 在文件包含预处理命令形式中，当＃include 后面的文件名用＜＞(尖括号)括起时，寻找被包含文件的方式的是(　　)。

A：先在源程序所在目录中搜索，再按系统设定的标准方式搜索

B：直接按系统设定的标准方式搜索目录

C：仅仅搜索源程序所在目录

D：仅仅搜索当前目录

6. 若程序中有＃include“文件名”，则意味着(　　)。

A：将所指文件的全部内容，在此命令行出现的这一点上，插入源程序

B:指定标准输入/输出

C:宏定义一个函数

D:条件编译说明

7. 设有宏定义"#defineA B abcd",则宏替换时(　　)。

A:宏名A用B abcd替换

B:宏名A B用abcd替换

C:宏名A和宏名B都用abcd替换

D:语法错误,无法替换

二、填空题

1. 若有宏定义如下:

```
#define N 2
#define Y(n) ((N+1) * n)
```

则执行语句 z=2 * (N+Y(5)); 后 z 的结果是________。

2. 有如下程序:

```
#include <stdio.h>
#define STR "%d,%c"
#definne A 97
int main( )
{printf(STR,A,A+2);}
```

上述程序的运行结果是________。

3. 有如下程序:

```
#define ADD(x) x+x
int main( )
{int a=1,b=2,c=3;
printf("c=%d\n",ADD(a+b) * ADD(a+b));
}
```

上述程序的运行结果________。

三、操作题

用条件编译方法编写程序实现以下功能:输入一行电报文字,可以任选两种输出,一为原文输出,一为将字母编程为其下一字母(如"a"变成"b")输出。用#define命令来控制是否要译成密码。

附 录

附表 1 ASCII 码表

八进制	十六进制	十进制	字符	八进制	十六进制	十进制	字符	八进制	十六进制	十进制	字符	八进制	十六进制	十进制	字符
0	00	0	nul	40	20	32	sp	100	40	64	@	140	60	96	´
1	01	1	soh	41	21	33	!	101	41	65	A	141	61	97	a
2	02	2	stx	42	22	34	"	102	42	66	B	142	62	98	b
3	03	3	etx	43	23	35	#	103	43	67	C	143	63	99	c
4	04	4	eot	44	24	36	$	104	44	68	D	144	64	100	d
5	05	5	enq	45	25	37	%	105	45	69	E	145	65	101	e
6	06	6	ack	46	26	38	&	106	46	70	F	146	66	102	f
7	07	7	bel	47	27	39	`	107	47	71	G	147	67	103	g
10	08	8	bs	50	28	40	(	110	48	72	H	150	68	104	h
11	09	9	ht	51	29	41	)	111	49	73	I	151	69	105	i
12	0a	10	nl	52	2a	42	*	112	4a	74	J	152	6a	106	j
13	0b	11	vt	53	2b	43	+	113	4b	75	K	153	6b	107	k
14	0c	12	ff	54	2c	44	,	114	4c	76	L	154	6c	108	l
15	0d	13	er	55	2d	45	—	115	4d	77	M	155	6d	109	m
16	0e	14	so	56	2e	46	.	116	4e	78	N	156	6e	110	n
17	0f	15	si	57	2f	47	/	117	4f	79	O	157	6f	111	o
20	10	16	dle	60	30	48	0	120	50	80	P	160	70	112	p
21	11	17	dc1	61	31	49	1	121	51	81	Q	161	71	113	q
22	12	18	dc2	62	32	50	2	122	52	82	R	162	72	114	r
23	13	19	dc3	63	33	51	3	123	53	83	S	163	73	115	s
24	14	20	dc4	64	34	52	4	124	54	84	T	164	74	116	t

续 表

八进制	十六进制	十进制	字符	八进制	十六进制	十进制	字符	八进制	十六进制	十进制	字符	八进制	十六进制	十进制	字符
25	15	21	nak	65	35	53	5	125	55	85	U	165	75	117	u
26	16	22	syn	66	36	54	6	126	56	86	V	166	76	118	v
27	17	23	etb	67	37	55	7	127	57	87	W	167	77	119	w
30	18	24	can	70	38	56	8	130	58	88	X	170	78	120	x
31	19	25	em	71	39	57	9	131	59	89	Y	171	79	121	y
32	1a	26	sub	72	3a	58	:	132	5a	90	Z	172	7a	122	z
33	1b	27	esc	73	3b	59	;	133	5b	91	[	173	7b	123	{
34	1c	28	fs	74	3c	60	<	134	5c	92	\	174	7c	124	|
35	1d	29	gs	75	3d	61	=	135	5d	93	]	175	7d	125	}
36	1e	30	re	76	3e	62	>	136	5e	94	^	176	7e	126	~
37	1f	31	us	77	3f	63	?	137	5f	95	_	177	7f	127	del

附表 2　C 语言中数据类型

数据类型	基本数据类型	整型 int	
		字符型 char	
		浮点型(实型)	单精度 float
			双精度 double
		枚举型 enum	
	构造数据类型	数组	
		结构体 struct	
		共用体 union	
	指针类型		
	空类型		

附表 3　C 语言关键字及其功能

关键字	功能或含义	关键字	功能或含义
asm		int	定义整型变量
break	提前结束本层循环或 switch 语句体	long	定义长整型变量
casc	与 switch 搭配使用	register	
char	定义字符型变量	return	返回调用
const		short	

续 表

关键字	功能或含义	关键字	功能或含义
continue	提前结束本次循环	signed	
default	与 switch 搭配使用	sizeof	求所占字节数运算符
do	实现循环结构	static	声明静态变量
double	定义双精度型变量	struct	定义结构体
else	与 if 搭配使用	switch	实现多分支结构
enum		typedef	用户定义类型名
extern		union	
float	定义单精度型变量	unsigned	
for	实现循环结构	void	无返回值
goto	无条件转移	volatile	
if	实现双分支结构	while	实现循环结构

附表 4　C 语言 math.h 头文件所包含函数

函 数	说 明
tanh()	正切函数(取双曲线正切函数值)
tan()	正切函数
sqrt()	开方函数(取二次方根值)
sinh()	正弦函数(取双曲线正玄函数值)
sin()	正弦函数
pow()	求次方函数(求一个数的 N 次方)
log10()	对数函数(求以 10 为底的对数值)
log()	对数函数(求以 e 为底的对数值)
ldexp()	次方函数(计算 2 的 N 次方的值)
frexp()	将浮点型数分为底数与指数
exp()	指数函数
cosh()	余弦函数(取双曲线余玄函数值)
cos()	余弦函数(取余玄函数值)
ceil()	取整函数(取不小于参数的最小整型数)
atan2()	反正切函数(取反正切函数值,接收两个输入参数)
atan()	反正切函数(取反正切函数值,只接收一个输入参数)
asin()	反正弦函数(取反正弦函数值)
acos()	反余弦函数(取反余弦函数值)
abs()	求绝对值函数(适合整数求绝对值)

附表5　C语言 stype.h 头文件所包含函数

函数	说明
isupper()	测试字符是否为大写英文字母
ispunct()	测试字符是否为标点符号或特殊符号
isspace()	测试字符是否为空格字符
isprint()	测试字符是否为可打印字符
islower()	测试字符是否为小写字母
isgraphis()	测试字符是否为可打印字符
isdigit()	测试字符是否为阿拉伯数字
iscntrl()	测试字符是否为 ASCII 码的控制字符
isascii()	测试字符是否为 ASCII 码字符
isalpha()	测试字符是否为英文字母
isalnum()	测试字符是否为英文或数字
isxdigit()	测试字符是否为十六进制数字

附表6　C语言 string.h 头文件所包含函数

函数	说明
strtok()	字符串分割函数
strstr()	字符串查找函数
strspn()	字符查找函数
strrchr()	定位字符串中最后出现的指定字符
strpbrk()	定位字符串中第一个出现的指定字符
strncpy()	复制字符串
strncat()	字符串连接函数
strncasecmp()	字符串比较函数(忽略大小写)
strlen()	字符串长度计算函数
strdup()	复制字符串
strcspn()	查找字符串
strcpy()	复制字符串
strcoll()	字符串比较函数(按字符排列次序)
strcmp()	字符串比较函数(比较字符串)
strchr()	字符串查找函数(返回首次出现字符的位置)
strcat()	连接字符串
strcasecmp()	字符串比较函数(忽略大小写比较字符串)

续表

函数	说明
rindex()	字符串查找函数(返回最后一次出现的位置)
index()	字符串查找函数(返回首次出现的位置)
toupper()	字符串转换函数(小写转大写)
tolower()	字符串转换函数(大写转小写)
toascii()	将整数转换成合法的 ASCII 码字符
strtoul()	将字符串转换成无符号长整型数
strtol()	将字符串转换成长整型数
strtod()	将字符串转换成浮点数
gcvt()	将浮点型数转换为字符串(四舍五入)
atol()	将字符串转换成长整型数
atoi()	将字符串转换成整型数
atof()	将字符串转换成浮点型数

附表 7　C 语言 stdib.h 头文件所包含函数

函数	说明
ungetc()	写文件函数(将指定字符写回文件流中)
setvbuf()	设置文件流的缓冲区
setlinebuf()	设置文件流为线性缓冲区
setbuffer()	设置文件流的缓冲区
setbuf()	设置文件流的缓冲区
rewind()	重设文件流的读写位置为文件开头
putchar()	字符输出函数(将指定的字符写到标准输出设备)
putc()	写文件函数(将一指定字符写入文件中)
mktemp()	产生唯一临时文件名
gets()	字符输入函数(由标准输入设备内读进一字符串)
getchar()	字符输入函数(由标准输入设备内读进一字符)
getc()	读文件函数(由文件中读取一个字符)
fwrite()	写文件函数(将数据流写入文件中)
ftell()	取得文件流的读取位置
fseek()	移动文件流的读写位置
freopen()	打开文件函数,并获得文件句柄
fread()	读文件函数(从文件流读取数据)

续 表

函 数	说 明
fputs()	写文件函数(将一指定的字符串写入文件内)
fputc()	写文件函数(将一指定字符写入文件流中)
fopen()	文件打开函数(结果为文件句柄)
fileno()	获取文件流所使用的文件描述词
fgets()	读取文件字符串
fgetc()	读文件函数(由文件中读取一个字符)
fflush()	更新缓冲区
feof()	检查文件流是否读到了文件尾
fdopen()	将文件描述词转为文件指针
fclose()	关闭打开的文件
clearerr()	清除文件流的错误旗标
write()	写文件函数
sync()	写文件函数(将缓冲区数据写回磁盘)
read()	读文件函数(由已打开的文件读取数据)
open()	打开文件函数
mkstemp()	建立临时文件
lseek()	移动文件的读写位置
fsync()	将缓冲区数据写回磁盘
flock()	解除锁定文件
fcntl()	文件描述词操作函数
dup2()	复制文件描述词
dup()	复制文件描述词
creat()	创建文件函数
close()	关闭文件
utmpname()	设置文件路径
setutent()	从头读取 utmp 文件中的登录数据
setuid()	设置真实的用户识别码
setreuid()	设置真实及有效的用户识别码
setregid()	设置真实及有效的组识别码
setpwent()	从头读取密码文件中的账号数据
setgroups()	设置组代码函数
setgrent()	从头读取组文件中的组数据

续表

函数	说明
setgid()	设置真实的组识别码
setfsuid()	设置文件系统的用户识别码
setfsgid()	设置文件系统的组识别码
seteuid()	设置有效的用户识别码
pututline()	将 utmp 记录写入文件
initgroups()	初始化组清单
getutline()	文件查找函数(从 utmp 文件中查找特定的记录)
getutid()	从 utmp 文件中查找特定的记录
getutent()	从 utmp 文件中取得账号登录数据
getuid()	取得真实的用户识别码
getpwuid()	从密码文件中取得指定 uid 的数据
getpwnam()	从密码文件中取得指定账号的数据
getpwent()	从密码文件中取得账号的数据
getpw()	取得指定用户的密码文件数据
getgroups()	获取组代码函数
getgrnam()	从组文件中取得指定组的数据
getgrgid()	从组文件中取得指定 gid 的数据
getgrent()	从组文件中取得账号的数据
getgid()	取得组识别码函数
geteuid()	获取用户识别码函数
getegid()	获得组识别码
fgetpwent()	读取密码格式
fgetgrent()	读取组格式函数
endutent()	关闭文件(关闭 utmp 文件)
endpwent()	关闭文件(关闭密码文件)
endgrent()	关闭文件(关闭组文件)

习题参考答案

第1章　C语言程序入门

一、选择题

1～6　ABCCB　A

二、判断题

1～3　×√×

三、程序阅读题

a＝123,f＝457

第2章　数据类型

一、选择题

1～6　CBDCD　A

二、填空题

1.基本数据类型、构造数据类型、指针类型、空类型

2.基本数据类型

3.空类型

4.4096,4096＊8

三、问答题

1.合法形式：3.12,.123,123.。

2.合法形式：45.3e5,－231.23E12,－0.12e－2。

3.a为int或char或uchar,b为char,c为char,e为char,f为char,g为char,h为int。

第3章　运算符和表达式

一、选择题

1～10　CACBA　DABAC　11～15　CCDDA

二、填空题

1. 0.5,0　2. 0　3. 0　4. 0　5.假　6. 真　7. 1　8. 0xf0

9.(t1－100)/60,(t1－100)%60

三、操作题

1. if(a%5==0)printf("能够被整除"); else printf ("不能够被整除");

2. 方案 1：i%2==0;

   方案 2：char i=23; if (i & 1) printf("%d ",i);

3. unsigned short temp = 0xCDAB; unsigned char fir; unsigned char sec; fir = temp>>8; sec = temp;

4. TMOD=TMOD|0x20;

5. a=0x04|a;a=0xfb&a;

第 4 章　C 语言程序结构

一、选择题

1～10　A B B D C　C B B B A　11～20　B D C D B　C C C D C

21～28　A C A D A　B B C

二、填空题

1. if　2. 一条，多条，空　3. {}　4. else　5. 结束

6. x=y;y=z;　7. 2，end　8. your $ 3.0yuan/xiaoshi　9. if 嵌套(switch)

10. 恒定　11. break　12. 1,2　13. 0 1 2　14. L K　15. 0，－1　16. 10　17. A C 4

三、操作题

1. 参考程序：

```
#include"stdio.h"
main()
{
   char x;
   scanf("%c",&x);
   if(x>=97){x=x-32;}
   printf("%c",x);
}
```

2. 参考程序：

```
#include"stdio.h"
main()
{
   int nian=0,yue=0,t;
   printf("输入年份:\n");
   scanf("%d",&nian);
   printf("输入月份:\n");
   scanf("%d",&yue);
   if(yue==2)
   {
      if(nian%4==0){t=29;}else{t=28;}//2 月只需讨论平年闰年即可
```

```
    }
    else
    {
     if(yue==1||yue==3||yue==5||yue==7||yue==8||yue==10||yue==12)
            {t=31;} else{t=30;}
    }
  printf("%d 天",t);
  }
```

3. 参考程序：

```
  #include"stdio.h"
  main()
  {
    int a=0,b=0,t;
    printf("输入 a\n");
    scanf("%d",&a);
    printf("输入 b\n");
    scanf("%d",&b);
    t=a*a+b*b;
    if(t>100)printf("百位以上数字为:%d\n",t/100);
    else printf("a,b 和为:%d\n",a+b);
  }
```

4. 参考程序：

```
  #include"stdio.h"
  main()
  {
    int a=0;
    printf("输入一个数\n");
    scanf("%d",&a);
    if(a%7==0&&a%5==0)printf("yes");
    else printf("no");
  }
```

5. 参考程序：

```
  #include"stdio.h"
  main()
  {
    int a=0;
    printf("输入成绩\n");
    scanf("%d",&a);
```

```
    switch(a/10)
    {
    case 10:printf("A"); break;
    case 9:printf("A");  break;
    case 8:printf("B");  break;
    case 7:printf("C");  break;
    case 6:printf("D");  break;
    defute:printf("E"); break;
    }
  }
```

6. 参考程序：

```
  #include"stdio.h"
  main()
  {
    int a=0,ge,shi,bai,qian,wan,he;
    printf("输入一个数\n");
    scanf("%d",&a);
    wan=a/10000;
    qian=a%10000/1000;
    bai=a%1000/100;
    shi=a%100/10;
    ge =a%10;
    he=wan+qian+bai+shi+ge;
    if(wan>0)printf("5 位数,和为:%d\n",he);
    else if(qian>0)printf("4 位数,和为:%d\n",he);
      else if(bai>0)printf("3 位数,和为:%d\n",he);
          else if(shi>0)printf("2 位数,和为:%d\n",he);
              else printf("1 位数,和为:%d\n",he);
  }
```

7. 参考程序：

```
  #include"stdio.h"
  main()
  {
    int a=0,b=1,he=0;
     for(a=1;a<52;a++)
     {
       he=he+b*2*a;
       b=-1*b;
```

```
    }
  }
```

8. 参考程序：

```
  #include"stdio.h"
  main()
  {
    int a=100,b=0,he=0;
        while(a<201)
      {
      if(a%3==0&&a%7==0)
        {
        b++;
        printf("%d ",a);
        if(b%4==0) printf("\n ");
        }
  a++;
    }
  }
```

9. 参考程序：

```
  #include"stdio.h"
  main()
  {
    int a=0,b=0;
    while(a<3)
  {
    a++;
    b=0;
    while(b<(7-2*a))
    {
      printf("*");
      b++;
      }
      printf("\n");
  }
```

10. 参考程序：

```
   #include"stdio.h"
   main()
   {
```

```
int a=0,b=0,x,y;
printf("输入第 1 个数:\n");
scanf("%d",&a);
printf("输入第 2 个数:\n");
scanf("%d",&b);
for(x=a;x<b;x++)
{
  for(y=2;y<x;y++)
  {
  if(x%y==0){break;}
  }
  if(y==x)printf("%d ",x);
}
```

第5章 数　组

一、选择题

1~10 A A A D D C D D A B 11~20 D C B A D A A C A A

二、填空题

1. 10 2. 20 3. a[0] 4. 6 5. 3 6. 0 7. 6 8. 2 9. 3 10. 5

11. 1 12. M 13. printf("%s",c);或 puts(c) 14. ABC123 15. 123

16. 6 17. 10 18. 15.0 19. strcat(str1,str2); 20. 8

三、操作题

1. 参考程序：

```
#include<stdio.h>
int main(void)
{
        int i;
        double max, min, score[10], aver, sum;
        sum = 0;
        for(i = 0; i < 10; i++) {
            scanf("%lf", &score[i]);
            max = min = score[0];
           sum += score[i];
           if (max < score[i])
               max = score[i];
         if (min > score[i])
               min = score[i];
        }
```

```
        aver = 1.0 * ( sum - max - min) / 8;
        printf("average = %.1lf\n", aver);
        return 0;
}
```

2. 参考程序:

```
#include<stdio.h>
int main(void)
  {
        int i, j;
        double a[10], tmp;
        printf("Input 10 numbers:");
        for (i = 0; i < 10; i++)
            scanf("%lf",&a[i]);
        for (i = 1; i < 10; i++)
            for (j = 0; j <10 - i; j++)
                if (a[j] > a[j+1]) {
                    tmp = a[j];
                    a[j] = a[j+1];
                    a[j+1] = tmp;
                }
        for (i = 0; i < 10; i++)
            printf("%6.1f", a[i]);
        printf("\n");
        return 0;
  }
```

3. 参考程序:

```
#include<stdio.h>
int main(void)
{
        int i, j, f;
        double a[10], tmp;
        printf("Input 10 numbers:");
        for (i = 0; i < 10; i++)
            scanf("%lf",&a[i]);
        for (i = 1; i < 10; i++) {
            f = 0;  //假定第 i 次排序没交换数据,给 f 赋初值 0
            for (j = 0; j <10 - i; j++)
                if (a[j] > a[j+1]) {
```

```
                tmp = a[j];
               a[j] = a[j+1];
                a[j+1] = tmp;
                f = 1; //若排序中交换了数据,给 f 赋值为 1
            }
        if ( 0 == f)  //若 f 为 0,即第 i 次排序没交换数据
            break;  //终止此次排序
    }
    for (i = 0; i < 10; i++)
        printf("%6.1f", a[i]);
    printf("\n");
    return 0;
}
```

4. 参考程序:

```
#include<stdio.h>
int main(void)
{
    int i, n, cur;
    int a[6] = {10, 20, 30, 40, 50};
    printf("Input an integer:");
    scanf("%d", &n);
    for (i = 0; i < 6 - 1; i++)
    //在数组 a[]中查找第一个大于 n 的数组元素的下标 cur
        if (a[i] > n)
            break;
    cur = i;
    //将 a[4]~a[cur]依次后移
    for (i = 6 - 2; i >= cur; i--)
        a[i + 1] = a[i];
    //将 n 插入 a[cur]
    a[cur] = n;
    for (i = 0; i < 6; i++)
        printf("%5d", a[i]);
    printf("\n");
   return 0;
}
```

5. 参考程序:

```
#include<stdio.h>
```

```
int main(void)
{
        int i, j;
        j = 0;
         double min, t[10];
         printf("Input 10 numbers:");
         for ( i = 0; i < 10; i++) {
             scanf("%lf", &t[i]);
             if (t[i] < t[j])
                 j = i;
        }
        min = 1.0 * t[j];
        printf("%lf,%d\n", min, j);
        return 0;
}
```

第6章　函　　数

一、选择题

1～10　D D A C B　B C A A D

二、判断题

1～10　× √ √ √ √　× √ × × √　11～18　× √ √ √ √　× √ √

三、操作题

1. 参考程序：

```
#include<stdio.h>
long fac(int n)
{
    if(n==1) return 1L;                    /* "1L"为长整型常量 */
   else return n * fac(n-1);
}

void main()
{int m;
scanf("%d",&m);
printf("%2d! =%d\n",m,fac(m));}
```

2. 参考程序：

```
int ceju()
{
int juli=0;
juli=1/12000.0 * t * 340/2;
```

```
return juli;
}
```

第7章 指　　针

一、选择题

1～10 BBDBD BCBAC 11～20 BBDDD CADAD

二、填空题

1. 地址 2. 0 3. int 型指针、int 型数组 4. a[5]的地址 5. *++p! 6. 7,1 7. 4 8. ABCDEFG 9. 1,9 10. gfedcba 11. 4 12. 11,10 13. 1 14. 4 15. 42332415 16. aceg 17. 5,18

18. ABCD
   BCD
    CD

19. 10,20

三、操作题

1. 参考程序：

```
#include<stdio.h>
#include<string.h>
void fun(char (*a)[100], char *b, char *c, int *m)
{
    int i = 0;
    int j = 0;
     while(c[i])
    {   if(c[i] ==  *m)
      {  strcpy(b, a[i]);   break;  }
          i++;
      }
    }

int main()
{
    char a[][100] = {"Monday", "Tuesday", "Wednesday",
        "Thursday", "Friday", "Saturday", "Sunday"};
    char c[100] = {1, 2, 3, 4, 5, 6, 7};
    char b[100] = ""; // char *p = b;
    int m;
    scanf("%d", &m);
    fun(a, b, c, &m);
    printf("%s\n", b);
```

```
    return 0;
}
```

2. 参考程序：

```
#include "stdio. h"
#include "string. h"
void main()
{
    void swap(char * ,char * );
    char str1[30],str2[30],str3[30];
    printf("Input three lines:\n") ;
    gets(str1);
    gets(str2);
    gets(str3);
    if(strcmp(str1,str2)>0)   swap(str1,str2);
    if(strcmp(str1,str3)>0)   swap(str1,str3);
    if(strcmp(str2,str3)>0)   swap(str2,str3);
    printf ( "Now, the order is:\n") ;
    printf("%s\n%s\n%s\n", str1, str2, str3);
}

    void swap(char * p1,char * p2)
{
    char p[30];
    strcpy(p,p1); strcpy(p1,p2); strcpy(p2,p);
}
```

3. 参考程序：

```
#include <stdio. h>
int main()
{
int upper=0,lower=0,digit=0,space=0,other=0,i=0;
char * p, s[20];
printf ("Input string:") ;
while((s[i]=getchar()) ! ='\n')   i++ ;
p=&s[0];
while( * p! ='\n')
{
    if(('A'<= * p)&&( * p<='Z'))
    ++upper;
```

```
  else if(('a'<= * p)&&( * p<='z'))
        ++lower;
        else if( * p==' ')
            ++space;
            else if(( * p<='9') &&( * p>='0'))
                ++digit;
                else  ++other;
  p++;
}
printf("upper case:%d    lower case:%d",upper,lower);
printf("  space:%d    digit:%d    other:%d\n",space, digit, other);
return 0;
}
```

4.参考程序:

```
#include "stdio.h"
int main()
{
  void change(int * p);
  int a[5][5], * p, i, j;
  printf("Input matrix:\n") ;
  for(i=0;i<5; i++)
    for(j=0;j<5;j++)
      scanf("%d", &a[i][j]);
  p=&a[0][0];
  change (p) ;
  printf ("Now, matrix:\n") ;
  for(i=0;i<5;i++)
   {
     for(j=0;j<5;j++)
     printf("%d ", a[i][j]);
     printf("\n");
   }
   return 0;
}
void change(int * p)
{
   int i ,j , temp;
   int  * pmax, * pmin;
```

```
pmax=p;
pmin=p;
for(i=0;i<5;i++)
    for(j=i;j<5;j++)
  {
     if(*pmax< *(p+5*i+j))    pmax=p+5*i+j;
     if(*pmin> *(p+5*i+j))    pmin=p+5*i+j;
  }
temp= *(p+12);
*(p+12)= *pmax;
*pmax=temp;
temp= *p;
*p= *pmin;
*pmin=temp;
pmin=p+1;
for(i=0;i<5;i++)
    for(j=0;j<5;j++)
       if(((p+5 * i+j)! =p) && ( * pmin> * (p+5*i+j)))pmin=p+5*i+j;
       temp= * pmin;          //将第 2 个最小值换给右上角元素
*pmin= *(p+4);
*(p+4)=temp;
pmin=p+1;
for(i=0; i<5; i++)
    for(j=0;j<5;j++)
      if(((p+5*i+j)! =(p+4))&&((p+5*i+j)! =p)&&(*pmin>*(p
+5*i+j)))
      pmin=p+5*i+j;
temp= *pmin;
*pmin= *(p+20);
*(p+20)=temp;
pmin=p+1;
  for(i=0;i<5;i++)
     for(j=0;j<5;j++)
       if(((p+5* i+j)! =p)&&((p+5*i+j)! =(p+4))&&((p+5*i+
j)! =(p+20))
&&(*pmin> *(p+5* i+j)))
          pmin=p+5*i+j;
  temp= * pmin;
```

```
        *pmin=*(p+24);
        *(p+24)=temp;
    }
```

第8章　结构体和共用体

一、选择题

1～2　A D

二、填空题

1. 10　2. 32

三、操作题

1. 参考程序：

```
#include<stdio.h>
    struct Date
    {
        int year;
        int month;
        int day;
    };

int main()
{
    struct Date p;
    scanf("%d,%d,%d",&p.year,&p.month,&p.day);
    int a[12]={31,28,31,30,31,30,31,31,30,31,30,31};
    int sum,i;
            sum=p.day;
            for(i=0;i<p.month-1;i++)
            sum+=a[i];
    if(((p.year%4==0&&p.year%100!=0)||p.year%400==0)&&p.month>2)
        printf("该日是在%d年中的第%d天", p.year,sum+1);
    else
     printf("该日是在%d年中的第%d天", p.year,sum);
}
```

2. 参考程序：

```
#include <stdio.h>
int main()
{
    struct stud_str
    {
```

```
    char num[10];
    float score_mid;
    float score_final;
}stu[5];

float sum_mid = 0;
float sum_final = 0;
float ave_mid = 0;
float ave_final = 0;
int i = 0;

for( i = 0;i < 5;i++ )
{
    printf("plase input id:\n");
    scanf("%s",stu[i].num);
    printf("please input mid_exam score:\n");
    scanf("%f",&stu[i].score_mid);
    printf("please input final_exam score:\n");
scanf("%f",&stu[i].score_final);
}

for(i = 0;i < 5;i++)
{
    sum_mid += stu[i].score_mid;
    sum_final += stu[i].score_final;
}

ave_mid = sum_mid/5;
ave_final = sum_final/5;

printf("学号 期中分数 期末分数\t\n");

for(i = 0;i < 5;i++)
{
    printf("%s\t",stu[i].num);
    printf("%g\t",stu[i].score_mid);
    printf("%g\t",stu[i].score_final);
    printf("\n");
```

```
    }
    printf("期中平均分：%g\n",ave_mid);
    printf("期末平均分：%g\n",ave_final);

    return 0;
}
```

第9章　编译预处理

一、选择题

1～7　C C D D A　B D

二、填空题

1. 34　2. 97.c　3. c＝11

三、操作题

参考程序：

```
#include<stdio.h>
#define LOCK 1      //自行修改 LOCK 的值，若为 1 则按照加密（将字母变成下一字
                      母）输出，为 0 则按照原内容输出
int main()
{
    char s1[20];
    int i;
    printf("输入一行字符串：\n");
    gets(s1);
    printf("输出字符串：\n");
    if(LOCK)//根据宏进行判断，lock==1
    {
      for(i=0;i<20;i++)
      if(s1[i]!='\0'){
        if(s1[i]>='a'&&s1[i]<'z'||s1[i]>='A'&&s1[i]<'Z')
        s1[i]++;
        else if(s1[i]=='z'||s1[i]=='Z')
        s1[i]-=25;
      }
    }
    printf("%s",s1);//输出结果
}
```

参 考 文 献

[1] 朱建芳,周建辉.C 语言程序设计[M].北京:中国水利水电出版社,2010.
[2] 谭浩强.C 语言程序设计[M].北京:清华大学出版社,2000.
[3] 赵克林.C 语言实例教程[M].北京:人民邮电出版社,2007.
[4] 伍一,陈廷勇.C 语言程序设计基础与实训教程[M].北京:清华大学出版社,2005.
[5] 方风波.C 语言程序设计[M].北京:地质出版社,2006.
[6] 张俊晖,王超.C 语言程序设计实验与习题指导[M].成都:电子科技大学出版社,2012.